自然瑰宝

世界自然遗产精选

[法] 苏菲·索罗 著　解俊伟 译

中国地图出版社
·北京·

图书在版编目（CIP）数据

自然瑰宝：世界自然遗产精选 / (法) 苏菲·索罗 (Sohpie Thoreau) 著；解俊伟译. -- 北京：中国地图出版社, 2023.8

ISBN 978-7-5204-3314-3

Ⅰ. ①自… Ⅱ. ①苏… ②解… Ⅲ. ①自然遗产－介绍－世界 Ⅳ. ①S759.991

中国国家版本馆CIP数据核字(2023)第159143号

责任编辑　刘向祎
装帧设计　李　瑶

自然瑰宝：世界自然遗产精选
Ziran Guibao: Shijie Ziran Yichan Jingxuan

出版发行	中国地图出版社
社　　址	北京市西城区白纸坊西街3号
邮政编码	100054
电　　话	010-83910684
网　　址	www.sinomaps.com
印　　刷	北京华联印刷有限公司
经　　销	新华书店
成品规格	235 mm × 300 mm
印　　张	24.5
开　　本	8开
字　　数	408千字
版　　次	2023年8月第1版
印　　次	2023年8月北京第1次印刷
定　　价	168.00元
书　　号	ISBN 978-7-5204-3314-3
审 图 号	GS京（2022）0433号
图　　字	01-2022-4549

本书中中国国界线系按照中国地图出版社1989年出版的1∶400万《中华人民共和国地形图》绘制。
如有印装质量问题，请与我社发行部（010-83543948）联系。

序言

我们是否曾认真欣赏过我们赖以生存的地球？我们是否曾赞叹过我们赖以生存的地球？我们是否做到了努力去呵护地球，而不是一味地利用，甚至过度地开采，给她带来严重的破坏？ 2002 年，在南非约翰内斯堡举行的第四次地球峰会上，时任法国总统雅克·希拉克致开幕词时曾说过这样一句名言：“我们的房子着火了，但我们却毫不关注，反而把目光看向了别处。”

地球给予我们一切：果腹充饥的面包、温暖容身的住所……而我们过去却做了很多荒唐可笑的事情。地球已然伤痕累累，她的不满和反抗，她的愤怒和不平，已经通过各种各样、持续不断的回应显现出来。这让我们开始反思人类的那一系列违背自然规律的行为。越来越多的人开始敢于对人类的荒唐行为提出质疑，反对过度利用大自然！

本书内容涉及被联合国教科文组织列入《世界遗产名录》的 74 项世界遗产，每个景点都在展现地球的美丽。截至 2022 年 12 月，《世界遗产名录》已收录 218 项自然遗产，其中 16 项属于世界濒危自然遗产。《世界遗产名录》的设立旨在让人们能够更好地了解并保护这些大自然的特殊地区。千百年来，许多神奇的自然景观会出现一些反复无常而又任性的变化，野蛮地释放它们的力量，例如：寒冷的高原（中国青海可可西里）、遍布火山的陆地（俄罗斯堪察加火山群）、能够雕刻岩石或塑形沙漠的风雨（纳米比亚纳米布沙海）。大自然也是动物的世界，尽管空间资源有限，但还是存在许多像恩戈罗恩戈罗自然保护区这样充分展现生物多样性的地方。

本书将带你走出自己的家园，跨越山川和海洋，去遥远的地方，感受大自然的神奇与魅力。

目录

亚洲 >>

002—042

欧洲 >>

044—080

非洲 >>

082—112

大洋洲 >>

114—138

北美洲 >>

142—172

南美洲 >>

174—190

武陵源风景名胜区（中国）

>> 欢迎来到“潘多拉”

武陵源风景名胜区位于湖南省西北部，占地397平方千米。导演詹姆斯·卡梅隆从这里数千座砂岩峰中找到灵感，刻画出了电影《阿凡达》中的潘多拉星球。《阿凡达》上映后，电影取景地天子山成为武陵源最火爆的“打卡点”。

天子山奇峰林立，是欣赏日出的最佳地点之一。络绎不绝的游客通常选择乘坐缆车去山顶。事实上，公园里一些不那么拥挤的景点也大有看头。

如果没有提前做好攻略，游客们极有可能在蜿蜒的小径上迷路，但这样或许能欣赏到更为自然的溪流、峡谷和奇峰，说不定还会有意想不到的偶遇。小径的尽头一般会有直达出口的客车、缆车或巨型电梯。

风景名胜区的森林覆盖率高达98%，是鸟类、猕猴等诸多动物赖以生存的家园。这里环境潮湿，山顶经常被云海覆盖，如梦如幻。

>> 游览建议

每年 4 月、5 月、7 月是游览天子山的最佳时间。夏季来此旅游，最好在景区里留宿一晚，欣赏皎洁月光下神秘的奇峰峭壁，在黎明时分，络绎不绝的游客到来之前，感受崇山峻岭间的幽美静谧。冬季这里的景色也很美，天子山在皑皑白雪的映衬下，显得超凡脱俗。

武陵源特色旅游资源

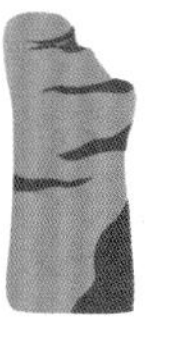

3000 余座
砂岩峰（海拔 300 米以上）

800 条
溪流

40 个
山洞

2 座
天然石桥

中国南方喀斯特——广西桂林（中国）

>> 山峦奇观

中国南方喀斯特共包含七个自然遗产地，广西桂林作为其中之一，以其独特的喀斯特地貌闻名于世。由石峰林与喀斯特平原组合而成的峰林平原是桂林山水中最迷人的景观。桂林的石峰形态优美，分布面积广，成群的石峰像一支军队在雾霭中若隐若现。漓江在稻田和峰丛中静静地流淌，江中有许多洲滩，江水两岸奇峰峭立，形态万千。这里山峰青翠葱茏，江水清澈如镜，石头玲珑剔透。桂林山水不但自然景观奇特秀美，还富有诗情画意，令人神往。这样的景色不仅出现在许多画作中，还出现在 20 元面值的人民币上。

你可以泛舟漓江之上，还可以攀登石灰岩山峰或乘坐缆车登上大瑶山。桂林山区的景色随着季节的更替而变化，春季杜鹃花盛开，夏天竹林成荫，秋天万山红遍。天黑后，可以看到渔民在河边的竹筏上驯养鸬鹚。

桂林城区拥有许多豪华酒店，夜晚街上灯光闪烁，行人熙熙攘攘。这里是一个热闹的世界，与宁静的乡村大不相同。

>> 游览建议

这里森林茂密，溶洞遍布。可以花点时间游览这些溶洞，它们或清幽神秘，或色彩斑斓。此地夜景也很美，华灯初上，桂林在水中的倒影璀璨耀眼，犹如龙王的水晶宫。每年的 4 月至5月、9 月至 10 月是这里的旅游旺季。

鸬鹚捕鱼

1300 年的传统

鸬鹚的平均寿命为 15 年

鸬鹚可在其喉咙中储存 4~5 条小鱼

青海可可西里（中国）

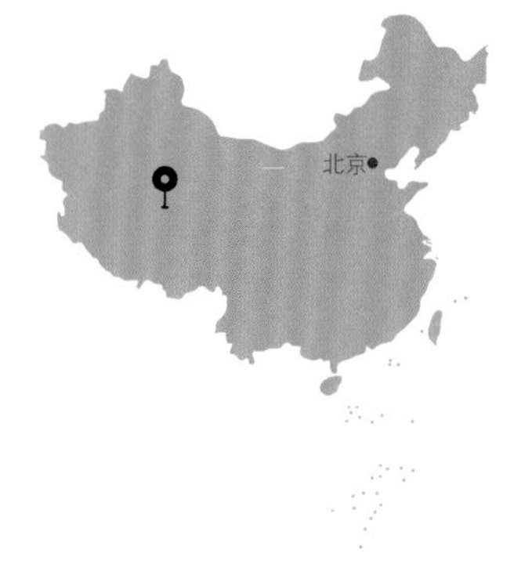

>> 高寒之地

青海可可西里位于青藏高原的东北部。该遗产地核心区和缓冲区的面积总和将近 6 万平方千米。可可西里平均海拔5000 米。这里全年平均温度低于零度，最低气温可达 -45℃。可可西里气候恶劣，自然环境严酷，人类无法长期居住，被称为“生命的禁区”。但正因如此可可西里保留了相对原始的生态环境和独特的自然景观。

这里孕育了多种多样的生物，超过三分之一的植物物种以及所有食草哺乳动物都是高原特有的。藏羚羊是高原特有的濒危大型哺乳动物之一，也是可可西里的一张名片。由于曾经遭到过捕猎者残酷的猎杀，藏羚羊的数量一度下降到不足 2 万只。后来，各种保护措施、政策法规的实施，使盗猎行为不断减少。藏羚羊的迁徙路线在该遗产地被完整保存下来，为藏羚羊及其他高原物种的生存、迁徙、繁衍提供了良好的自然条件。

可可西里独一无二的气候和环境，使雪山、河流、湖泊，以及各种植被、动物和谐共存共生，形成美丽迷人的自然画卷。

>> 游览建议

在可可西里旅行首先要解决交通问题，最好是有一部车，可以自驾游览。建议请一位熟悉当地情况的牧民或者司机作为向导，因为在可可西里即便是精确的地图和全球导航卫星系统有时也帮不上忙，非常容易迷路。一切行程规划准备就绪，就可以出发了，一路上经过的昆仑山口、长江源头、察尔汗盐湖等景点一定会让你惊叹大自然的魅力。

高海拔环境下的寒冷世界

可可西里平均海拔
5000 米

可可西里最低气温
可达 -45℃

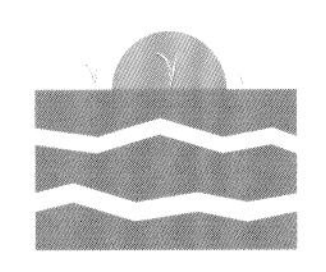

永久冻土覆盖了 90% 以上的土地
冻土层厚达 80~120 米

九寨沟风景名胜区（中国）

>> 人间仙境

九寨沟位于四川省北部，距离成都400多千米。因景区内有九个藏族居民世代居住的寨子而得名。

九寨沟是著名的风景名胜区。这里众多湖泊、瀑布和石灰石梯相互交错，富含矿物质的水呈现出水晶般的蓝色、绿色和紫色，展示了非凡的自然美景。世界自然遗产组织官员第一次到九寨沟考察后回忆说，这里的景色太美了，他们不曾想象过，大自然竟有如此的鬼斧神工。

九寨沟自然保护区内山谷深切、高低悬殊、南高北低。北缘九寨沟口海拔仅2000米，中部峰岭海拔均在4000米以上，南缘海拔达4500米以上。这里有74种国家保护的珍稀植物、18种国家保护动物以及丰富的古生物化石。九寨沟还是以钙华湖泊、滩流、瀑布景观、岩溶水系统和森林生态系统为主要保护对象的国家地质公园，具有极高的生态保护、科学研究和旅游价值。

>> 游览建议

九寨沟一年四季都有独特的风景，出行前要准备好相机，因为这里的每一处风光都值得记录。春天，九寨沟冰雪消融，春水泛涨，山花烂漫。夏天，瀑布潺潺流动，树木苍翠欲滴，这里一片清凉。秋天，九寨沟热闹多彩，有耀眼的红叶、令人迷醉的黄栌、苍翠的松柏……走进这里，仿佛进入了童话世界。冬天，冰雪再次将这里变成静谧的世界。

诺日朗瀑布

海拔 2 343 米

高 24.5 米

宽 320 米，是中国最宽的高山钙华瀑布

>> 生态孤岛

梵净山位于贵州省东北部铜仁市境内，是武陵山脉的主峰，最高峰海拔 2572 米。

梵净山有着悠久的地质演化历史，岩体以变质岩为主，四周是广阔的喀斯特地貌。受东亚季风和山体高低悬殊的影响，山体在大区域内气候湿润、降水丰沛，在小区域内气候垂直变化明显，加之长期以来极少有人类活动干扰，梵净山宛如一座巨大的“生态孤岛”。

这里保存着完好的原始生态系统，森林覆盖率达 95% 以上，拥有 4395 种植物和 2767 种动物，是大量古老子遗植物的避难所，也是特有动植物分化发育的重要场所；是全球裸子植物最丰富的地区，也是东方落叶林生物区域中苔藓植物最丰富的地区；是黔金丝猴和梵净山冷杉唯一的栖息地，也是水青冈林在亚洲重要的保护地。梵净山展现了独特的地质、生态和生物圈景观特征。

>> 游览建议

梵净山有多条游览路线，即便是同一条路线，在不同的高度也会看到不一样的景色。从东线上山有两种方式可供选择：乘坐观光缆车，只需 1 个小时就能到达山顶蘑菇石，沿途可欣赏层峦叠翠的群山；徒步登山，约 4 小时可到达山顶，一路上寻花涉水，与梵净山亲密接触。

黔金丝猴

国家一级保护野生动物，全球范围内仅分布于贵州省东北部的梵净山，被科学家称为“世界独生子”。

成年猴体重约 **15** 千克，体长约 **70** 厘米

夏季活动在海拔 **1400~2300** 米处，冬季下雪时会下降到海拔 **570** 米处

2008 年，种群数量约有 **750** 只

中国丹霞——广东丹霞山（中国）

>> 色如渥丹，灿若明霞

“玫瑰色的云彩”“深红色的霞光”比喻的是一种有特殊地貌特征和与众不同红颜色的地貌景观，这种地貌景观被称作“丹霞地貌”。

中国丹霞发育了绝妙的自然景观，包含了正在进行的地质作用和地貌演化、重要的地貌形态以及生命记录，具有突出的地球科学价值。中国丹霞生境复杂多样，拥有一级生境类型八个，占全球一级生境类型总数的 61.5%，具有很高的生物与生态学价值。

位于广东省仁化县的丹霞山作为世界“丹霞地貌”的命名地，是全球发育最典型、类型最齐全的丹霞地貌集中分布区。丹霞山以赤壁丹崖为特色，是典型的簇群式峰林、峰丛状的红层地貌，区域内丹崖、绿树、碧水相辉映。置身其中，可以从不同的角度感受“色如渥丹，灿若明霞”的地貌景观。丹霞山植被种类丰富，是众多濒危物种的栖息地、重要的植物种源基地和物种基因库。

>> 游览建议

可以选择乘火车至韶关高铁站，从这里搭乘汽车至丹霞山非常方便。如果打算相对完整地游览丹霞山，建议安排两天的行程，丹霞山的门票 48 小时内有效。阳元山、长老峰、卧龙岗－翔龙湖，是丹霞山几个比较重要的游览区。宝珠峰是长老峰游览区的最高峰，如果时间有限，可以选择乘坐缆车上山。

世界自然遗产——中国丹霞分布示意图

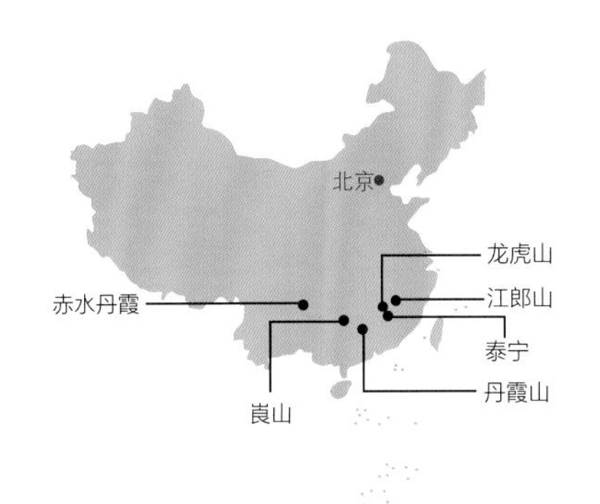

新疆天山（中国）

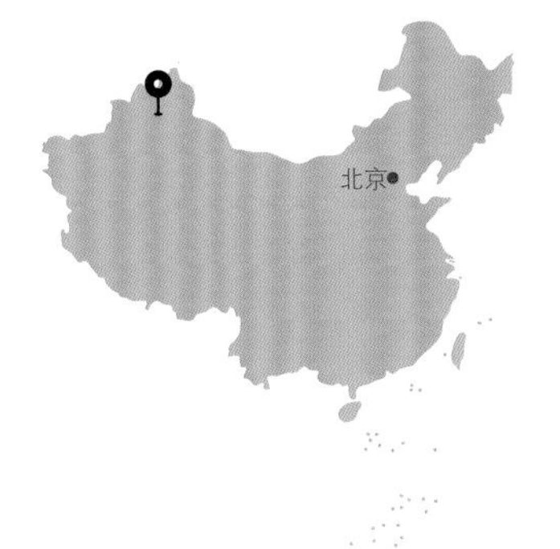

>> 对比和融合

天山山脉横贯东西，全长 2500 千米，是世界七大山系之一，也是全球最大的东西走向独立山脉。新疆天山是天山山脉的东部部分，长 1760 千米，约占天山山脉总长的三分之二。

这里的自然景观丰富多样，对比感强。天山南边是终年干旱少雨的塔克拉玛干沙漠，然而由西风带来的水汽使天山降水丰沛，河谷密布，生态繁盛。在连绵的高山之间，既有海拔 7443 米的天山主峰托木尔峰，也有位于吐鲁番盆地中的艾丁湖——以 −154.31 米成为中国陆地最低点。新疆天山将反差巨大的炎热与寒冷、干旱与湿润、荒凉与秀美、壮观与精致奇妙地汇集在一起，同时包含了壮观的雪山冰峰、优美的森林和草甸、清澈的河流湖泊、宏伟的红层峡谷等独具特色的自然美景。

相较世界其他地区，该遗产点更好地保存了温带干旱地区的大山脉地貌、生态、生物和景观特征，呈现了温带干旱地区山地生态系统的空间分布特征和演变规律。

>> 游览建议

新疆天山范围大、景点多，即便是安排10天的行程，也只能游览它的一部分。建议出行之前做好规划，自驾或者请一位当地的司机驾车出游，感受旅途风光，是个不错的选择。可以去喀拉峻草原，观赏优美弧线上的立体草原；穿越独库公路，感受长达500多千米的风景长卷。

横穿天山的景观大道——独库公路

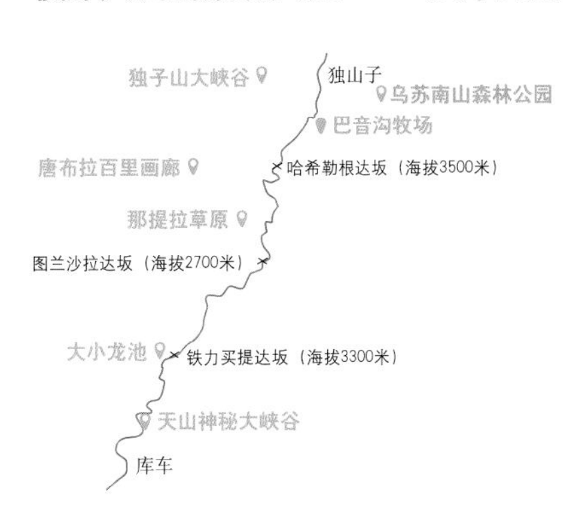

长安自然文化景观群（越南）

>> 沿水而行

长安自然文化景观群位于越南红河三角洲南岸，是自然与文化双重遗产，被誉为“陆上的下龙湾”。这里遍布石灰岩山峰，水流在山谷之间奔流不息，流淌过一片片金黄的稻田。山顶的亭台庙宇隐身云端，朦胧神秘。

来到这里，游客可以骑单车穿过金色稻田，或泛舟山谷之中，或沿河水悠然漫步于两岸繁茂的植被中，静静欣赏美景。途中，还可以沿着蜿蜒的台阶爬到山顶，探索隐身于云端的庙宇佛塔。

长安自然文化景观群有很多水中洞穴。洞穴蜿蜒曲折，串联起整个山谷群。在一些深洞穴中所发现的遗迹表明，早在 3 万年前这片地区已有人类活动。

距此十几千米的华卢在 10 世纪和 11 世纪，曾是越南三个朝代的首都。我们参观的许多寺庙及佛塔都始于这一时期。

>> 游览建议

对于时间并不充裕的游客，建议到三谷（长安景观群的景点之一）去看一看。春天，农历元月至三月，通常在水稻收割之前，越南有很多传统节日，这段时间来三谷旅游的人比较多。夏天，放眼望去，水面上开满荷花，田野一片金黄。杭穆阿庙的卧龙楼梯独具一格，在这里可以欣赏到三谷的绝美全景。

双轮摩托车

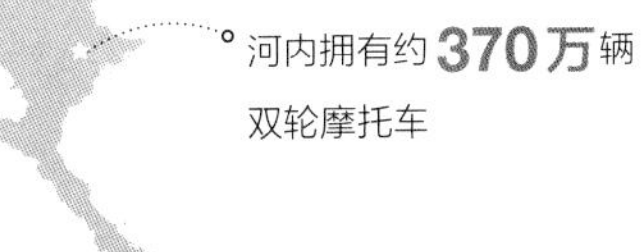

河内拥有约**370万**辆双轮摩托车

越南拥有约**4000万**辆双轮摩托（平均每2名越南人拥有约1辆）

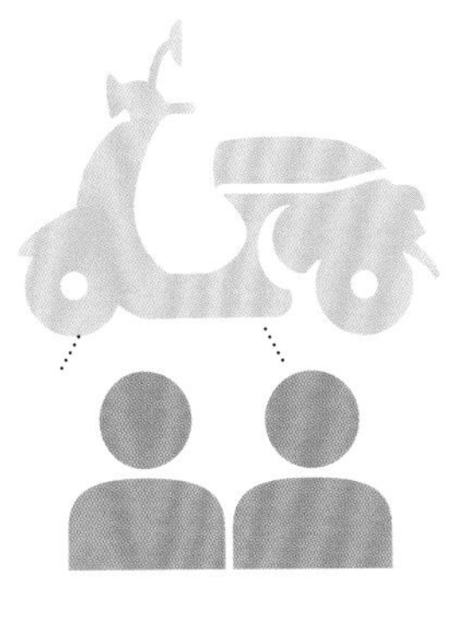

越南是世界上第 4 大双轮摩托车市场（仅次于中国、印度和印度尼西亚）

韩松洞（越南）

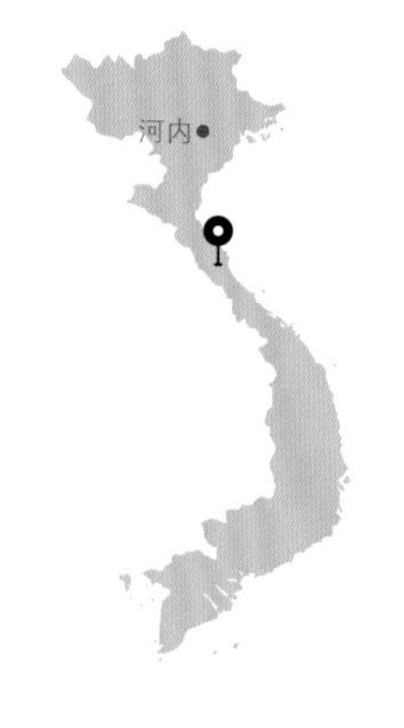

>> 失落的世界

韩松洞位于方芽－科邦国家公园，于 1991 年被发现，是世界最大的洞穴之一。阿瑟·柯南·道尔爵士在其著作《失落的世界》中曾这样描述："这里就像是一间间相通的'房间'，洞穴室大得惊人，甚至可以容纳一架波音 747 型飞机在里面翱翔，或是建造一座高达 40 层的建筑物！"洞内有长达 80 米的石笋、纯天然水池、各种蕨类植物群。光线从上方的洞口照射进来，洞内河水反射的光照亮了深绿色的丛林。千万年来，流淌的河水是洞穴的雕刻者，也是这里各类动植物群的养育者。

2009 年，越南当地农民带领英国－越南考查队进入韩松洞。考察者们穿越方芽－科邦国家公园的丛林以及陡峭的高地，然后借助 80 米长的绳索进入这个与世隔绝的世界。考察小组借助激光测距仪勘测洞穴大小，花费了 5 天才初步了解这个洞穴。

>> 游览建议

韩松洞开放期为每年的 2 月至 8 月。韩松洞每次最多只能接待 10 人，游客必须跟随向导或当地居民进行参观游览。洞穴中的平均温度为 23~24℃，洞外丛林温度 12 月至次年 3 月为 8~15℃，6 月至 8 月为 32~38℃。

独具特色的韩松洞

下龙湾（越南）

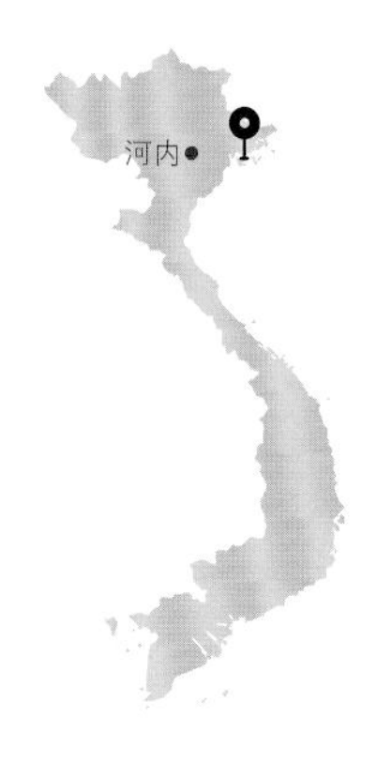

>> 海上桂林

下龙湾因拥有不计其数的石灰岩岛而闻名。这些岛屿就像是碧海上流动的宝塔，与海岸上成排的小木屋遥相呼应，在雾霭中显得愈发神秘。雨水和地下河的常年冲击，形成了众多喀斯特溶洞，其中有些溶洞已慢慢形成内陆湖。每当夜幕降临，成百上千的渔民及商人会在湖上过夜。但是夏天的时候，络绎不绝的游客会对这明信片画面般的美景造成一定程度的污染与破坏。幸运的是，现在已找到另外一些路线来疏解这里的人流，比如从吉婆岛出发，去下龙湾周围的兰哈湾和拜子龙湾。这里景色更为自然，而且污染较轻，游客也能欣赏到石灰岩峰，只是规模相对较小而已。

吉婆岛周围的小岛上有许多小海滩，可以乘皮划艇去探索。海边还有很多具有异域风情的度假小屋。吉婆岛上有一个国家公园，可以在丛林中骑摩托车，也适合徒步旅行。傍晚时分，登上吉婆岛最高峰欣赏海湾全景，是不容错过的旅行体验。

>> 游览建议

每年 5 月至 6 月以及 9 月至 10 月是游览下龙湾的最佳时间。在吉婆岛码头候船时，若发现前往下龙湾的人流拥挤，建议先去兰哈湾或拜子龙湾，它们完全可以与下龙湾相媲美。

关于下龙湾的几个数据

占地面积
约 **434** 平方千米

有大约 **1600** 座
岛屿和小岛

年接待游客
约 **300 万**人次

科莫多国家公园（印度尼西亚）

>> 科莫多巨蜥的世界

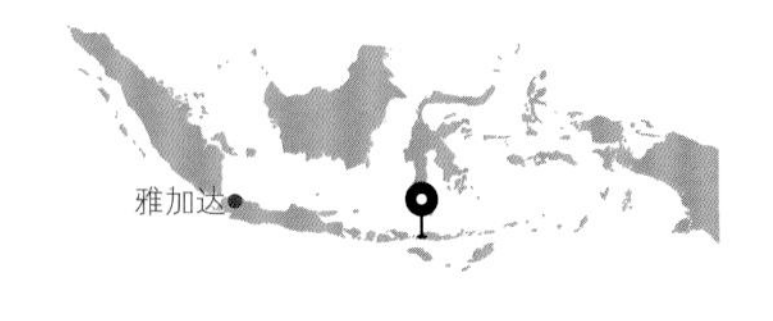

科莫多巨蜥可以说是科莫多岛上的动物之王，它们的祖先是曾经生活在澳大利亚和印度尼西亚的巨型蜥蜴。科莫多巨蜥体长最长可达 3 米，性情凶猛。科莫多岛和林卡岛是科莫多巨蜥的主要栖息地，但如想要寻找它们必须在公园管理员的陪同下进行，因为科莫多巨蜥有时会攻击人类。如果被咬伤，很可能会得败血症。科莫多巨蜥通常栖息在炎热干燥的热带草原以及开阔的岩石山丘上。在公园里徒步寻找它们时，还得注意经常抬头看看树上，性情凶猛的科莫多巨蜥有时会捕食未成年的同类，因此幼年科莫多巨蜥一般会生活在树上。

除了寻找科莫多巨蜥的踪迹之外，还可以在科莫多岛的顶峰欣赏壮丽的海岛全景，在清晨欣赏岛上绝美的日出。另外，这里是最好的潜水胜地之一，游客甚至可以体验只使用透气管的潜水。在曼塔角潜水，还可以看到著名的魔鬼鱼。

>> 游览建议

每年的6月、10月、11月是来科莫多国家公园旅游的最佳时间。7月至8月是科莫多巨蜥的繁殖季节，它们通常会躲藏起来，不易找到。科莫多岛适合徒步旅行，徒步旅行途中可以看到更多的动物。沙滩上铺满了粉红色的珊瑚碎片，附近的海域特别适合浮潜。

科莫多巨蜥

一条科莫多巨蜥每餐可以吃掉相当于自己体重**80%**的食物

科莫多国家公园栖息着约**5700**只科莫多巨蜥

科莫多巨蜥吞下整只山羊仅需**15~20**分钟

巫鲁山国家公园（马来西亚）

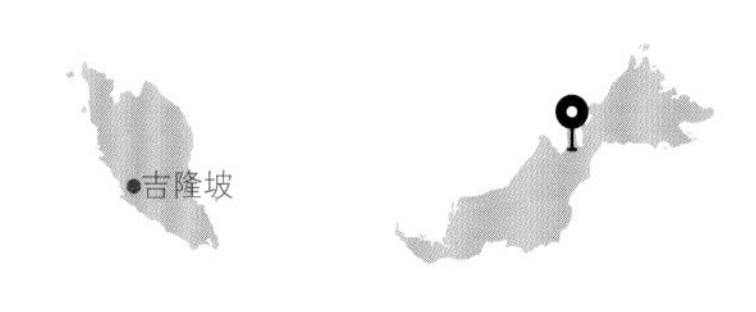

>> 拥有巨大的山洞

巫鲁山国家公园是加里曼丹岛上最著名的公园。因为它的变化对研究地球的发展演变具有重大意义，所以也颇具研究价值。

游客可以选择乘船或飞机进入巫鲁山，在热带雨林中探险，在吊桥上漫步，在溶洞中闲逛。如果攀爬石灰刀石林，必须找向导，而且要预留 3 天时间。公园内拥有天然石洞群，主要位于公园的南部和北部。已开发的洞穴至少长 295 千米，其中，沙捞越洞穴曾一度被认为是世界上最大的洞穴之一。鹿洞因栖息着 200 多万只蝙蝠而闻名。傍晚时分，成千上万的蝙蝠外出觅食，呼啦啦地从山洞中飞出，其景象像是一位芭蕾舞者在空中起舞，让人有一种难以置信的迷幻感。国家公园中还有一条引人关注的山路，长 20 千米。传说卡央族人曾在此浴血奋战，战后卡央族人会收集敌人的头颅作为其胜利和强大的象征，这种习惯一直延续到 20 世纪末。

>> 游览建议

6月至9月是巫鲁山国家公园的旅游旺季，如果要来游览，建议预约。四大洞穴中，蝙蝠较多的长洞和鹿洞最值得参观。可以乘坐独木舟去公园北部的洞穴。参观洞穴或者攀登顶峰必须有向导跟随。

请拯救森林，保护森林内的“土著”！

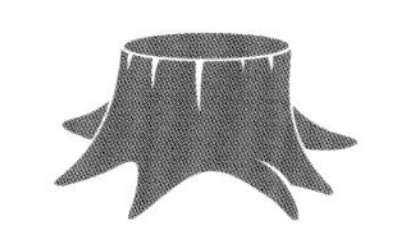

为满足全球的木材需求，过去50年间，亚马孙雨林面积减少

17%

亚马孙雨林40年内修建的穿林道路

长达271819千米

相当于

在纽约与圣弗朗西斯科（旧金山）

之间往返29次

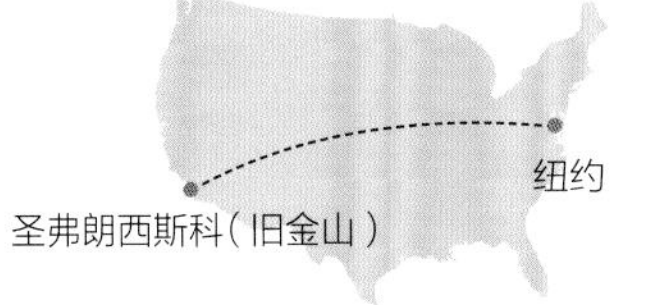

加里曼丹岛16年内猩猩数量减少

15万只

基纳巴卢公园（马来西亚）

>> 马来西亚的著名景点

基纳巴卢公园位于加里曼丹岛北部马来西亚哥打基纳巴卢市。公园内拥有数千种兰花、数百种食肉植物，同时这里也是众多鸟类的栖息地。

基纳巴卢山海拔 4101 米，是马来西亚最著名的景点，也是绝佳的攀岩地点。不善于攀岩的游客可以沿着公路攀登山体的第一道斜坡，在这里同样能够欣赏到周围苍翠欲滴的山林美景。攀爬基纳巴卢山大概需要两天时间。步道起点处岩石和木制台阶交替，参差不齐。这里时不时还会下起小雨。游客们经常在雨中爬山，欣赏云海簇拥的山中美景。第一天可以到达海拔 3272 米的拉班拉塔旅馆。稍作休息后，大约凌晨 2 点继续攀登。在这段路上攀爬必须跟随着向导，体力较好的游客很快能到达山体最陡峭的地方，然后借助固定在花岗岩上的绳索往上爬。天气晴朗时，繁星闪烁，星光与游客头灯发出的光交织在一起，构成唯美浪漫的画面。夜里的奋力前行，只为山顶那绚丽壮观的日出。在基纳巴卢山攀爬一番后，可以前往哥打基纳巴卢市对面的加雅岛。这座小岛美若天堂，在此休憩是对自己最好的奖励。

>> 游览建议

古打毛律步道每天最多能接待 30 人，游客必须提前申请攀登许可证并预订山上的小旅馆。下山至海拔 3929 米的山腰处时，马来西亚人通常会在南峰（见上图）前拍照留念。南峰是林吉特（马来西亚的法定货币）面值 1 元纸币上的标志性景点。哥打基纳巴卢市的清真寺以及海鲜市场也独具特色，值得游览。

攀登体验

基纳巴卢山海拔跨度大，从海拔 **152** 米升至海拔 **4101** 米

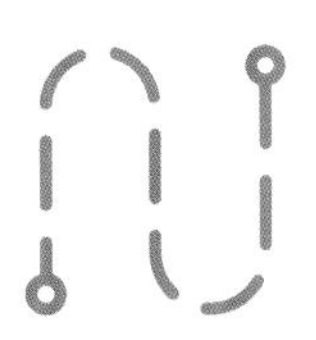

步道起点海拔 **1866** 米，步道垂直落差为 **2229** 米

从步道登顶的路程约为 **8.12** 千米，**60%** 的游客选择从步道登顶

基纳巴卢山拥有世界上海拔最高的飞拉达（铁索攀登）路线之一，海拔 **3200~3776** 米

亚当峰（斯里兰卡）

>> 神秘的山峰

是谁给这座山峰起的名字呢？峰顶那巨大的“脚印”是毗湿奴的足迹，是湿婆神的足迹，是释迦牟尼的足迹，是亚当被逐出伊甸园的证明，还是其他什么原因形成的？各种猜测与传说给亚当峰罩上了一层神秘的色彩。《马可·波罗游记》中记录了这一座神圣的山峰。

亚当峰位于斯里兰卡中央高地南端。每年朝圣季节（始于12月的满月日），成千上万的佛教徒、印度教徒、穆斯林和基督教徒开始攀登通往峰顶（海拔2243米）的5500个台阶。起初比较容易攀登，但最后一段台阶却又高又陡，好在一路上有许多小商店和休息场所。攀登过程中，可以欣赏蓝天白云。登顶后，人们会敲响小钟，然后等待日出，欣赏亚当峰在山谷投下的完美三角形山影（见第38—39页）。亚当峰有很多蜿蜒小路穿过稻田和树林，也是远足或者骑单车的绝佳之地。

>> 游览建议

攀登亚当峰并不容易，至少需要 3 个小时，而且通常是在夜晚进行。游客夜晚爬山是为了在黎明前能到达山顶，欣赏僧伽罗森林令人难忘的日出景象。每年 12 月至次年 4 月是这里的朝圣期，来访者络绎不绝。爬山前或是下山后，你可以选择在达尔豪斯或者努沃勒埃利耶过一夜，细细欣赏那里的美景。

斯里兰卡人的宗教信仰

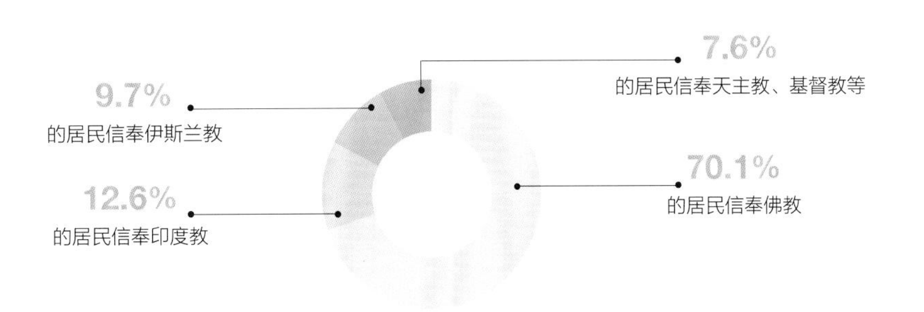

棉花堡（土耳其）

>> 白色的石灰岩阶梯

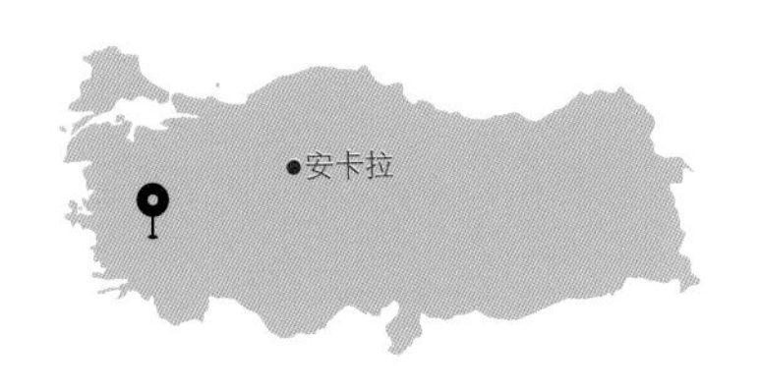

几千年来，“自然女神”用一滴又一滴的水珠塑造了棉花堡这片迷人的自然景观。温泉水汇成一个个大大小小、呈层叠状的天然水池。高低错落的“瀑布”闪烁着万顷波光。“瀑布”落差可达 100 米，景色非常奇特。白色的石灰岩阶梯与蔚蓝色的天空浑然一体，远望去，这里就像一座棉花城堡。土耳其人称它为帕穆卡莱（土耳其语意为“棉花堡”）。

早年人们可以在水池中沐浴，但现在每到旅游旺季，这里的游客络绎不绝，给环境带来不小的压力。为保护这片天然的温泉水域，现今人们只能赤脚参观，用脚尖轻点以感受这富含矿物质的温泉水。因为这里的温泉水可以治疗皮肤病，所以早在公元前 2 世纪这里便修建了著名的温泉浴场。在克娄巴特拉水池沐浴感觉十分奇妙，池中水温约 36℃，天然温泉水不断往外涌，波光粼粼，水池周围遍布古老的岩柱。

游客还可以去参观著名的希耶拉波利斯遗址。这里有古老的温泉浴场、露天剧场和神庙，也是中东地区最大的墓地之一。这片古希腊、古罗马和伊特鲁里亚的古墓区与经历地震之后的阿波罗神庙废墟，在月光下显得分外神秘。

>> 游览建议

可以选择在棉花堡留宿一晚，避开络绎不绝的游客，在黄昏或黎明时分欣赏这里静谧、幽美的景色。日落时分，从雪白的山顶向四周望去，棉花堡宛如仙境。基尔米兹苏距棉花堡几千米远，也有相似的地质构造，呈赭石色，你可以在那里洗个温泉澡。

棉花堡水域

17 处水源，平均温度 35°C，最高水温可达 80°C

格雷梅国家公园和卡帕多西亚石窟建筑

土耳其

>> 濒临倒塌的石柱

格雷梅国家公园位于土耳其中部的卡帕多西亚省，公园内的卡帕多西亚石窟建筑以其洞穴式住房和古老的岩穴教堂而闻名。但是公园内的许多石柱现在均濒临倒塌。约 250 年前，土耳其政府要求生活在奇特岩石洞穴里的居民交纳租金，很多居民因此搬离了洞穴。如此一来，许多岩石柱里面便无人居住，也就无人维护了。在海拔约 1000 米的地方，严冬酷寒，渗入岩石的水逐渐冻结，扩大了岩石之间的裂缝，使得很多教堂和房屋根基不稳，加重了倒塌的风险。

约 300 万年前，因火山爆发，大量的火山灰沉积，逐渐形成厚厚的凝灰岩。凝灰岩岩性较软，经过数百年的流水侵蚀，便形成了这奇石林立的特殊景观。自古以来，人类就开始利用这里的地质构造。在过去的几百年间，这里的居民在岩石中凿出了房屋、地窖和岩石教堂，教堂里还装饰着绚丽的壁画。乌奇希萨尔天然城堡是一座典型的岩石洞穴，共有 20 层，从城堡上可以俯瞰卡帕多西亚的各种奇特美景。除此之外，这里还建了很多堡垒和地下城，以防外敌入侵。德林库尤地下城便是其中之一，至少有 13 层。

>> 游览建议

乘坐热气球飞越土耳其格雷梅国家公园是一次令人难忘的经历，尤其是成百上千的热气球在清晨或日落时分一起升上天空的时候。建议你可以在洞穴式的房屋中住一晚，全身心地感受一下穴居人的生活环境。

地下城

卡帕多西亚共有 40 座地下城，其中大多数都在 3 层以上

德林库尤地下城约有 13 层，深度为 85 米

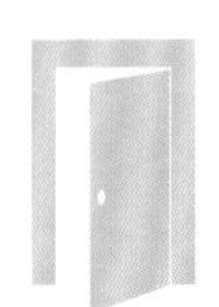

有 5 座地下城向游客开放

一些地下城能容纳 3000 人

盖朗厄尔峡湾（挪威）

>> 迷人的峡湾

盖朗厄尔峡湾位于挪威西南岸默勒－鲁姆斯达尔郡的斯特兰达市。这片令人震撼的峡湾是人们在陆地上经历路转峰回之后偶然发现的。巨魔之路始建于 1936 年，这条路在经过十几个发卡弯后通往盖朗厄尔峡湾。鹰路位于盖朗厄尔山的一侧，也是最为陡峭的一条路。从这条路爬到山顶之后，盖朗厄尔峡湾、七姐妹瀑布、迷人的高山牧场等美景都会尽收眼底。

沿着水流，乘坐轮渡或是独木舟可以找到这些巨大的陡崖绝壁。绝壁高达 1500 米，屹立在 500 多米深的水域之上。这些壮观的岩壁形成于最后一个冰河期，当时的冰川将岩石冲进了大海。为了能够欣赏这一奇迹，一些大型游轮会冒险驶到盖朗厄尔峡湾。雾气渺渺时，盖朗厄尔峡湾幽静迷人。挪威人会在峡湾里游泳，但水实在是太凉了，外来的游客一般不敢下水。

>> 游览建议

7 月底，阳光明媚，气温适宜，非常适合来盖朗厄尔峡湾旅游。这里的一些轮渡不仅可以载人，还可以载车。徒步旅行的游客徜徉在壮美的景观中，时不时会遇到瀑布。

盖朗厄尔——旅游胜地

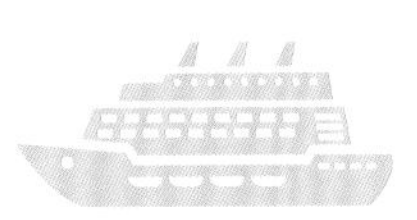

盖朗厄尔是挪威著名的邮轮港口

盖朗厄尔小镇居民约 **250** 人

在旅游旺季的 4 个月中，盖朗厄尔小镇游客人数累计达 **800 万**人次

辛格韦德利国家公园（冰岛）

>> 议会诞生之地

辛格韦德利国家公园始建于1930年，是一片火山平原，距冰岛首都雷克雅未克大约50千米。对于冰岛人而言，它有着非凡的意义，因为冰岛议会曾于千年前在这片壮丽宏伟的地质遗迹上诞生。那些由石块和泥炭筑起的露台是仅存的属于那个时代的遗迹。这里曾经是国家最高法院所在地，负责处理全国各地的诉讼案件。至今仍在沿用的多数冰岛法律都是在这里制定并通过的。1944年，冰岛人民在此宣布冰岛共和国成立、丹麦统治结束。

辛格韦德利国家公园位于美洲和欧洲两大板块的交界处，至今依然有强烈的地震活动。在这两大板块的交界处还产生了裂缝，形成了壮观的断层带。这里最大的断层带——阿尔曼纳陡崖全长7.7千米，深40米。斧溪从阿尔曼纳陡崖流下形成一条美丽的瀑布。当你来到这里，步行穿过青翠的美景看到这条巨大的瀑布时，必将会被它深深吸引。

>> 游览建议

登上阿尔曼纳陡崖后，辛格韦德利国家公园迷人的全景便可尽收眼底。沿着斧溪漫步，可以一路闲逛到阿克塞瀑布。对于潜水爱好者来说，不管是浮潜还是水肺潜水，丝浮拉裂缝都称得上是世界潜水胜地。这里的水清澈见底，能见度高达 100 米，而且水温常年保持在 2℃以上。

板块漂移

瓦登海（德国、丹麦、荷兰）

>> 海陆之间

瓦登海自荷兰北部延伸至德国和丹麦，全长450千米，以弗里西亚群岛与北海相隔。如今，地球气候发生了变化，自然环境未受到扰乱的大型天然潮间带生态系统几乎所剩无几，但仍有一些动植物的栖息之所仿佛没有任何改变。瓦登海是其中为数不多的一个。

瓦登海核心保护区面积约1万平方千米，拥有众多的潮汐通道、沙质滩涂、海草甸、贻贝床、沙洲、泥滩、盐沼、入海口、海滩和沙丘。瓦登海连接大海与陆地，这里的盐分、阳光、氧气均十分充足，温度适宜，养育着无数的动植物种群。退潮时，海豹和海豚等群居动物喜欢在这里栖息。每年有30多种、1200多万只鸟在这里繁殖和越冬；1000多万只飞往西非越冬的鸟会选择在此处休憩。人们经常可以看到鸟儿在这里再次启程飞往西非，它们在天空中形成巨大的黑暗轮廓，也就是我们所说的“黑太阳”。

>> 游览建议

荷兰的弗利兰岛是周围群岛中面积最小、离大陆最遥远的岛屿，这里树木繁茂，是观鸟爱好者的天堂。岛上仅有一个村庄，有 30 多座建筑可供游览，但禁止驾车旅行。享有盛名的吾尔博丹是弗利兰岛一个 40 米高的山坡，坡顶有一座红色的灯塔。

瓦登海的鸟

瓦登海鸟类最多时达
610万只

平均每年经过瓦登海的候鸟达
1000万~1200万只

每年候鸟从瓦登海出发，飞越
4800 千米到达西非越冬

勒拿河石柱自然公园（俄罗斯）

>> 拥有极端的气候

勒拿河石柱自然公园冬季最低温约零下 60℃，夏季最高温约 40℃，年温差可高达近 100℃。公园内壮观的岩柱在超低温中逐渐形成，是极端大陆性气候的产物。地表水的渗透加强了冻融作用，并造成岩柱之间的沟壑进一步扩大，逐渐形成了这些近 100 米高的岩柱。

数亿年间形成的这片地质奇观，位于俄罗斯萨哈（雅库特）共和国中部勒拿河右岸，绵延数十千米。勒拿河石柱自然公园面积辽阔，达 1.3 万平方千米，由地方政府于 1995 年建立，目的是保护这片壮观岩柱，以研究和了解地球的地质演变。俄罗斯政府还通过立法更好地安排了埃文基人（西伯利亚的原住民）的生活。他们至今在这儿耕种，保留着传统的生活方式。时间流逝，世事变化，但在这里，人们的生活在极端气候的环境中井然进行着，似乎并未发生很大的改变。

>> 游览建议

这个地区的旅游业不太发达，如果没有选择当地旅行社的定制旅行服务，那么近距离接触勒拿河石柱最简单的方法只能是乘船了。

令人难以置信的温差

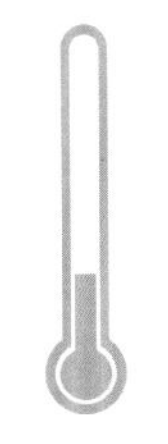

104.4°C

俄罗斯西伯利亚维尔霍扬斯克的年温差

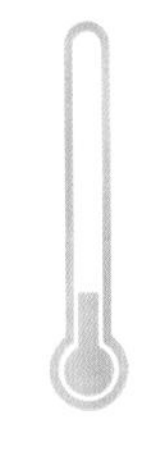

55.5°C

1916 年 1 月 23 日美国蒙大拿州布朗宁的日温差

50°C

2015 年 5 月 23 日

巴基斯坦气温

-80.1°C

2015 年 5 月 23 日

南极东方站（俄）气温

130.1°C

2015 年 5 月 23 日全球最大日温差

贝加尔湖（俄罗斯）

>> 西伯利亚的蓝眼睛

贝加尔湖拥有多项世界之最称号，如世界上最古老的湖泊、世界上最深的湖泊、世界上蓄水量最大的淡水湖等。贝加尔湖的湖水清澈见底，透明度达40米，冬天在完全结冰的湖面上行走，仿佛站在一个巨大的空洞上。贝加尔湖的一年四季都充满魔力，春夏秋时节它像碧绿世界的一颗珍珠，在冬季，又像一块蓝白色的巨大浮冰。初春时分，天气渐暖，浮冰开始融化，那一片冰水融合的奇观如同一个美丽的幻境。夏季伊始，万物复苏，可以看到海豹在冰山上嬉戏，白熊走出自己的洞穴。游客还可以借此机会体验一回埃文基人的生活：白天捕鱼，夜晚在猎人小屋安眠。秋天，漫山针叶林被染成金黄色，山尖逐渐覆上白雪。进入严冬，湖水开始结冰，冰层蔓延，冰雪映射着碧蓝的天空，眼前是一片蓝色世界。西伯利亚的夜晚漫长而寒冷，温度可下降至 -30℃，有时甚至低至 -40℃。

>> 游览建议

极限运动爱好者喜欢在冬天冰景最壮观的时候，带上一双冰刀鞋来贝加尔湖溜冰。他们身体素质好，不惧寒冷，也不怕疲劳。如果你不打算溜冰，可以选择在5月或6月来这里，这时候冰面已融化，气温适宜，是欣赏大自然野性之美的绝佳时机。

贝加尔湖冰层

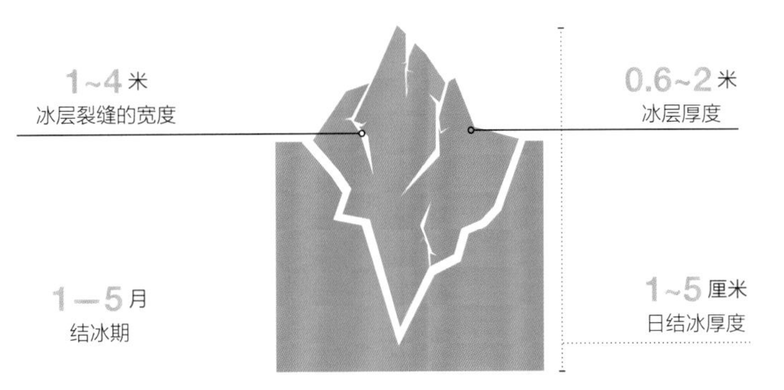

堪察加火山群（俄罗斯）

>> 随时都可能喷发的火山

堪察加半岛位于环太平洋火山带。太平洋板块以每年 10 厘米的速度向亚欧板块“俯冲”。皑皑白雪之下，大地在悄无声息地变化着。

堪察加火山群是世界上最著名的火山区之一。这里火山密度高，类型多样，活火山和冰川相互映衬构成了美丽壮观的景观。堪察加火山群的活火山从地质年龄上来看较为年轻，正在迅速地成长。在所有火山之中，东部的克柳切夫火山海拔 4750 米，为半岛最高峰。这里地貌类型十分多样，拥有奔腾的河流、壮观的海岸线、曲折的洞穴，以及众多湖泊、间歇泉和温泉。

300 多年前俄罗斯探险者发现了堪察加半岛。半岛东岸的阿瓦查湾曾建有核潜艇研究基地。1990 年之前，这里一直禁止外国人进入。目前，堪察加半岛已向钓鱼爱好者开放。在鱼产卵的季节，大量的鱼在水中拥挤跳跃，时不时地发出声响，壮观的景象让人难以忘怀。

>> 游览建议

堪察加火山群夏天的温度最高，但平均温度也不会超过 12℃。因为该区域只有一条主路和零星的几条小路，所以大多数游客乘坐直升机来此旅游。秋天，你可以先乘坐直升机在上空领略漫山遍野的针叶林，然后再降落到火山上。

堪察加半岛

堪察加半岛居民约 **33 万** 人
（平均每平方千米约有 1 位居民）

堪察加半岛有
1.5 万 ~3 万只熊

堪察加半岛附近海域
有 **11** 种太平洋鲑鱼

1/6~1/4
的太平洋鲑鱼诞生于堪察加半岛附近的水域

全世界 **2/3** 的鲑鱼游过或将有一天游过堪察加半岛附近的海域

奥格泰莱克溶洞和斯洛伐克溶洞（匈牙利、斯洛伐克）

>> 地下迷宫

奥格泰莱克溶洞和斯洛伐克溶洞位于匈牙利和斯洛伐克的边境线附近，共有 712 个典型洞穴。这些迷人的溶洞穴是数千万年来地下水与石灰岩相互作用的杰作。溶洞中到处都是各种形态的石钟乳和石笋，有些像树干一样粗大，姿态优美，如同起舞的芭蕾舞者。这里也是一个隐藏的世界，很多蝙蝠在洞穴中筑巢。多米查山洞和巴拉德拉山洞尤为壮观，总长 21 千米，形成了斯洛伐克和匈牙利之间的跨境洞网。

溶洞极易受到农业污染、森林毁坏、水土流失等问题的影响，因此，这些溶洞一直受到国家的保护。99% 的溶洞都保持着其原始状态，剩下的 1%已经向游客开放。每年有将近 30 万的游客来到溶洞参观。

>> 游览建议

如果选择参观斯洛伐克的喀斯特山脉国家公园，那么邻国匈牙利的奥格泰莱克国家公园，尤其是巴拉德拉洞穴，也是不可错过的旅游去处。罗日尼亚瓦和奥格泰莱克是两个深受户外旅行者喜爱的村庄。

世界上最长的三个洞穴

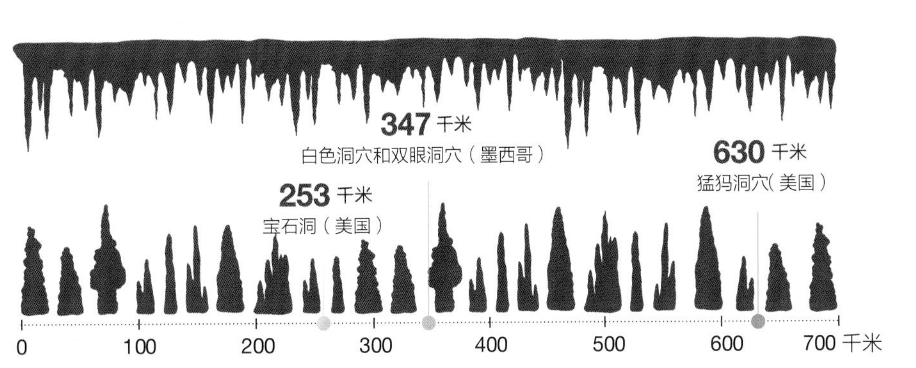

巨人之路（英国）

>> 巨人的战场

乍一看，映入眼帘的是一片参差不齐的巨大石柱，但靠近之后仔细观察，巨人之路的石柱大多是均匀的六边形。巨人之路宽几十米，退潮后，你可以在这里漫步，直到再次涨潮。

每当看到这片奇特的风景，人们脑海中不禁会浮现出这样一个传奇故事：两个巨人在北爱尔兰的布什米尔斯和苏格兰的斯塔法岛之间修建了这条路，用于双方对战。而如今，游客们像孩子一样在石柱上蹦蹦跳跳。沿着海岸线，成千上万的石柱紧密地排列在一起，绵延数千米，形成巨大的海岬。当你在此处游览时，会惊讶地发现，远处竟然还有火山喷发的遗迹。

巨人之路蜿蜒曲折。远远望去，这些石柱在朦胧烟雾中看起来就像是植根在红色悬崖边上的城堡塔楼。西班牙“无敌舰队”的“赫罗纳”号在其脚下深蓝色的海水中沉没了4个世纪。后来，从沉船“赫罗纳”号打捞上来的神奇宝藏在贝尔法斯特的阿尔斯特博物馆中展出。

>> 游览建议

黎明或者黄昏时分，在金灿灿的阳光下，巨人之路优美迷人。每当波涛涌动、巨浪翻滚时，这条巨人之路甚是壮观。沿着小路登上附近的峭壁回望，这些天然的石柱尽收眼底。你若有足够的勇气，还可以继续驱车前往著名的卡里克空中索桥。

四个世界著名的火山玄武岩石柱群

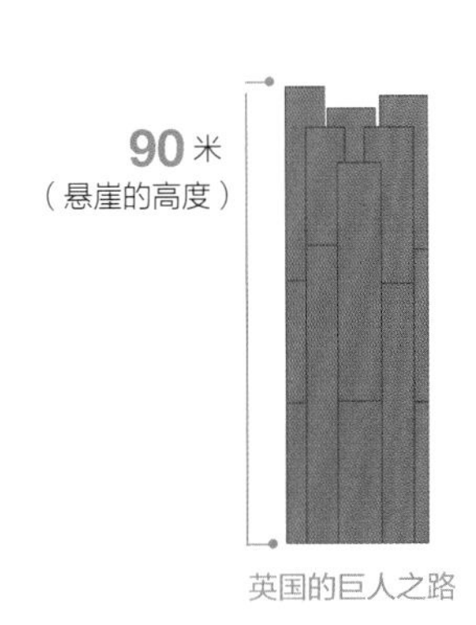

英国的巨人之路

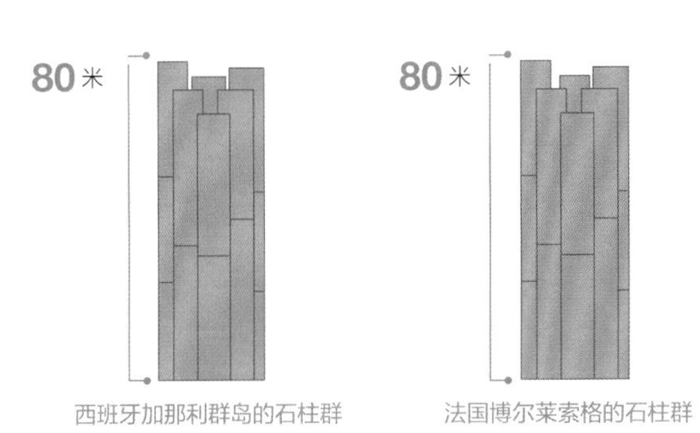

西班牙加那利群岛的石柱群

法国博尔莱索格的石柱群

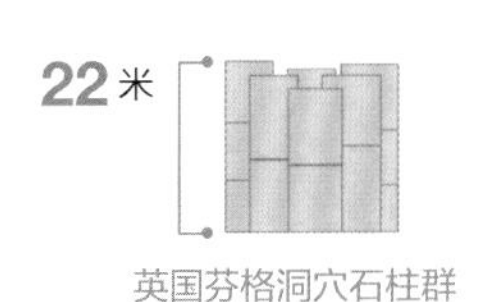

英国芬格洞穴石柱群

多塞特－东德文海岸（英国）

>>《小镇疑云》的“犯罪现场”

多塞特－东德文海岸长达155千米。最初，它因简·奥斯汀和托马斯·哈代的小说为人所熟知；现在，它因成为英国著名电视剧《小镇疑云》的拍摄地而更负盛名。而实际上，它最突出的贡献是为地质学和古生物学带来研究价值。它是世界上能够讲述地球1.85亿年发展历程的地区之一，其岩层序列几乎毫无间断。

游客可以在白垩崖、陆连岛以及静谧的海湾间尽情徜徉，寻觅鹅卵石中的化石，或爬到英格兰南部海岸的金顶山，站在面朝大海的杜德尔门前，尽情感叹它的壮丽。杜德尔门因海岸岩石断层处的软岩长期受到海水的侵蚀而形成，它的顶部布满已灭绝植被的痕迹。从远处的一些浪蚀岩柱或者岩石堆还可以看出，海边也曾有过类似的石拱门，但最终因没能抵挡住海浪的冲击而断裂开来。

在离海岸不远的地方，有一些迷人的小村庄，它们隐藏在小树林中，在那里可以找到以供小憩的茅草屋酒吧或茶室。

>> 游览建议

这里是英国电视剧《小镇疑云》的取景地，影迷们可以借助旅游手册找到一些因该电视剧“走红”的旅游景点。沿海公路一直向东延伸，连接着悬崖海岸，再往前便是长达 29 千米的切瑟尔海滩，那里有一个巨大的潟湖。日落时分可以欣赏天然拱门——杜德尔门的金色倒影。

世界上最大的三个天然拱门及其跨度

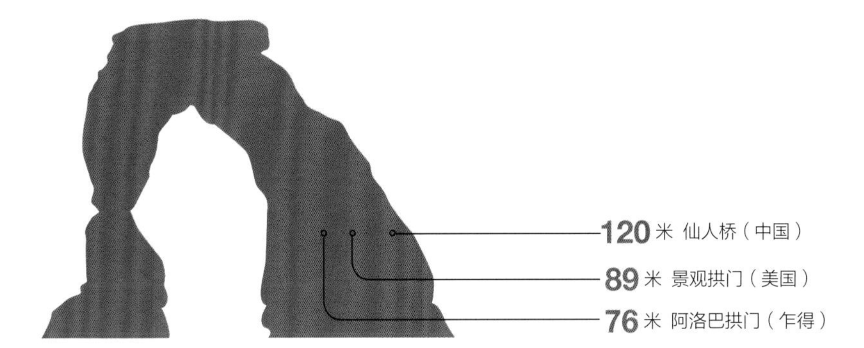

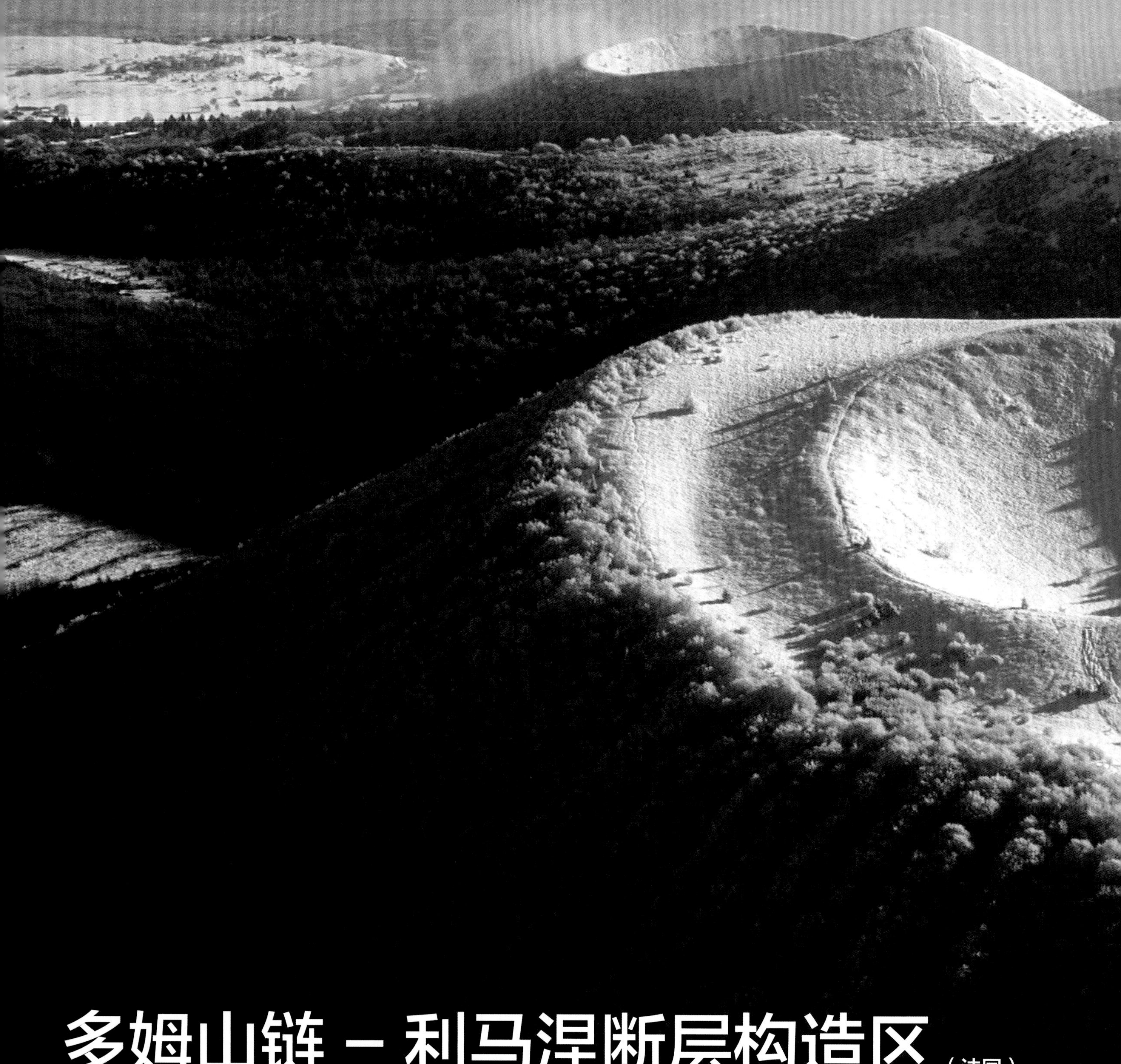

多姆山链－利马涅断层构造区（法国）

>> 也许火山还未沉睡

奥弗涅火山自然公园是一座天然火山博物馆，公园内有80多座火山集中分布在多姆山链。2018年多姆山链－利马涅断层构造区被列入《世界遗产名录》。

约3500万年前，这里地下岩浆喷出地表形成了80多座火山；大陆地壳断裂、塌陷，形成约3千米宽的利马涅断层；板块运动使地壳深层的岩浆上升导致地表隆起形成了中央高原。东部的阿尔卑斯山脉也形成于这个时期。奥弗涅地区并没有高大的火山，最高的多姆山海拔仅1465米 。10万多年前，奥弗涅地区出现了第一次火山喷发，最近一次爆发是在8600年前。那些沉睡的“巨人”还会再爆发吗？可能它们会在未来的某一天苏醒，但我们无法预测。现在，这里是一片沃土，到处都是气态矿产和地热资源，温泉最高温度可达82℃。18世纪以来，这里一直受到温泉爱好者的追捧。

>> 游览建议

多姆山架设了齿轨铁路，可以选择乘火车上山，也可以沿着木勒提埃小路徒步登山。徒步攀登大约一个小时可到达山顶，沿途可欣赏帕里欧山的全景。如果带着孩子旅行，乌尔卡尼亚公园是一个不错的选择，在那里你可以和孩子一起了解火山活动。

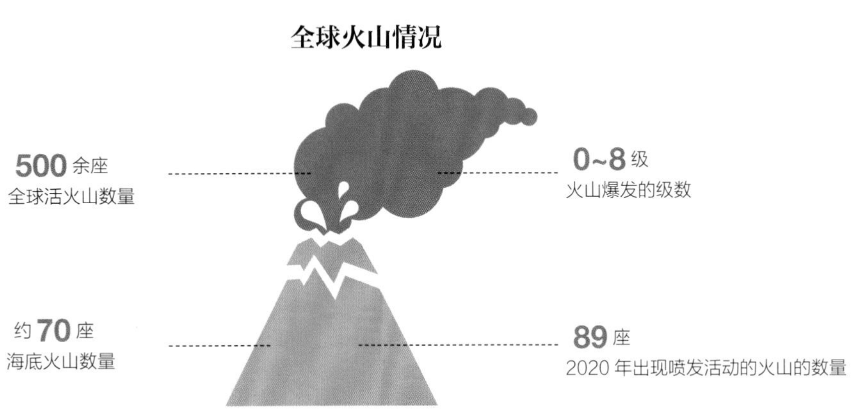

泰德国家公园（西班牙）

>> 变幻莫测

泰德国家公园位于加那利群岛中最大的岛屿——特内里费岛上。岛上巍峨的火山、变幻莫测的天气为公园营造了一种独特的自然环境。在这里，经常可以在短短一小时内体会到多种微气候的变化。

泰德火山是泰德国家公园的一座活火山，海拔 3718 米。泰德火山的存在使得公园内的景色和生态都十分丰富，公园内有湿润的森林、浓密的丛林，也有光秃的沙漠地带。

从蒙塔纳 · 布兰卡出发，沿一条曲径通幽的小路步行 6 个小时可以到达泰德火山的山顶。不擅长运动的游客可乘坐缆车，缆车上行终点是位于山顶的朗布勒塔，从朗布勒塔可以俯瞰特内里费岛的全貌。再往上走可以闻到硫黄气味，一些勇敢的游客可以继续前进，一直到特莱斯弗洛布拉沃。通往山顶的最后这段路十分陡峭，有许可证才可以进入。另外，你也可以选择前往福塔莱萨景观台或是皮科维耶荷观景台，在这里能够欣赏到旧火山口的绝美景色，而且无须事先取得许可证。

>> 游览建议

可以选择租一辆车出发，以便从不同角度欣赏火山，享受特内里费岛多姿多彩的风景。春天，这里的植被五彩斑斓，尤其是泰德紫罗兰和蓝蓟，与各种颜色的矿石交相辉映。在这里，还可以乘坐缆车赏日落，看星星，但通常需要预订。

泰德火山

拉斯卡纳达斯
是泰德火山中一处古老火山口坍塌的遗迹

泰德火山海拔 **3718** 米（从大西洋洋底算起高度为 **7500** 米）

拉斯卡纳达斯
直径为 **17** 千米
周长为 **53** 千米

埃特纳火山（意大利）

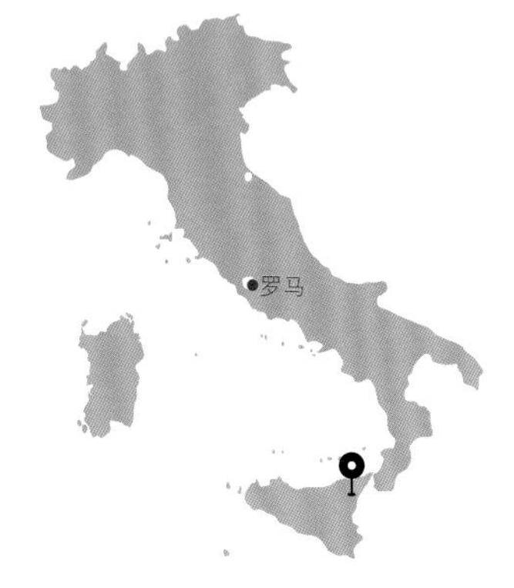

>> 活跃的火山

埃特纳火山位于意大利西西里岛，是欧洲最高的火山，也是世界上最活跃的火山之一，每年吸引成千上万的游客前来参观。火山高处的地表很像月球表面。尤其是牛谷，一个巨大的马蹄形火山口，其底部覆盖着较新的熔岩。牛谷西边是火山的最高点，天气晴朗时，可以从这里看到西西里岛海岸以南约 100 千米的马耳他岛。位于火山山麓的切萨罗村有一个张开双臂的巨大雕像，与马耳他岛遥遥相望。再远一点是内布罗迪公园，这里曾经有熊和鹿居住，也被称为“小鹿公园”，它也是西西里岛上最大的林区。埃特纳火山一带地势起伏，峡谷沟壑遍布，其中最著名的峡谷是阿尔坎塔拉峡谷。

>> 游览建议

参观埃特纳火山，可以先乘车到达雷夫乔·萨皮恩扎，然后徒步攀登一段时间或者选择乘坐缆车上行，接着乘坐小巴士继续上行到达海拔 2900 米处。冬天积雪覆盖了整个山顶。南部和北部的山坡上有 10 千米的滑道，滑雪爱好者可以在这里尽情享受滑雪的乐趣。

埃特纳火山的海拔变化

3274 米
1900 年

[illegible] 米
1956 年

3345 米
1978 年

3330 米
目前

多洛米蒂山脉（意大利）

>> 电影般的画面

多洛米蒂山脉位于意大利阿尔卑斯山脉北部东段。这里巍峨庄严、奇峰林立，拥有18座海拔3000米以上的山峰。陡峭的悬崖直冲狭窄的长谷，湖泊色彩斑斓。

多洛米蒂山脉值得一游。来这里度过一个星期，在蜿蜒悠长的小路上探索山中的宝藏，让人不禁想起智利巴塔哥尼亚地区的柯尔诺德裴恩山。科尔蒂纳丹佩佐是旅游和登山活动的大本营。理想的旅游路线始于卡雷扎湖。卡雷扎湖色彩斑斓，湖岸的翡翠绿杉倒映在水中，因此也被称为“彩虹湖”。举世闻名的拉瓦雷多三尖峰是多洛米蒂山脉的标志。五塔峰虽然名气不如拉瓦雷多三尖峰，但景色同样美丽。每当暴雨倾注而下，五塔峰看起来如同电影画面一般。索拉皮斯湖和布雷斯湖也是不可错过的旅游胜地。湖边的小木屋和小船十分上镜。塞拉山口是必去之地，在这里可以欣赏多洛米蒂山脉的全景。

>> 游览建议

多洛米蒂山脉冬季被冰雪覆盖，是滑雪胜地；夏季水面波光粼粼，是徒步天堂；秋天是一幅色彩浓郁的绝美画卷。拉瓦雷多三尖峰和五塔峰并不难攀爬。索拉皮斯湖和布雷斯湖是夏季的旅游胜地，破晓或者日落时分的景色堪称绝美。圣马达莱纳的小教堂为群山环抱，也是当地最美的景点之一。

多洛米蒂山脉的“冰人”

奥茨

一具天然木乃伊，于 1991 年在海拔 3210 米处被发现。

他死亡时年龄约 **45** 岁，生活在公元前 3350 年至公元前 3100 年之间。

普利特维采湖群国家公园（克罗地亚）

>> 黑皇后的眼泪

普利特维采湖群国家公园（也被称为十六湖国家公园）中的16个湖，传说来自森林神灵黑皇后的眼泪。她也曾为溪水、湍流及100多条瀑布流过泪。这16个湖中第1湖与第16湖之间高程之差最大，达135米。诸湖之间形成的瀑布群呈梯状飞流而下，其中最大瀑布落差达76米。

沿着湖边小路及木栈道有多条游览路线，你可以根据天气情况以及身体状况进行选择。购买门票后，可以在景区内乘坐小火车和电动船，轻松游览这片神奇的地方。公园内的湖泊禁止垂钓、游泳等活动，以保护自然环境以及这片土地的“土著”—— 出现在公园标志牌上的熊。除了熊以外，这里还有两种中型捕食者，即狼和猞猁，它们生活在湖泊附近的森林中。这里也拥有原始森林，里面生长着克罗地亚最古老、最高大的树木，但不对外开放。

>> 游览建议

每年的 7 月至 8 月，普利特维采湖群国家公园人山人海。你最好在公园开放前就在入口处等候，然后可以乘公园内的小火车到达公园最高点。下山时，可以乘船穿过科兹贾茨湖，然后步行到公园的出口。

棕熊的数量

俄罗斯约有
47000 只

克罗地亚约有
1100 只
（其中普利特维采湖群国家公园有 100 只）

法国约有
45 只

杜米托尔国家公园（黑山）

>> 高原牧场

位于巴尔干半岛的杜米托尔国家公园是黑山的骄傲。牧民们是这里的土著居民，夏天的时候，他们会在高海拔的草原上放牧。

杜米托尔国家公园内山峦起伏，风景秀丽。约有 50 座山峰海拔超过 2000 米，其中包括博博托夫库克山（海拔 2522 米）。在高峰间分布着峡谷、冰川湖和千奇百怪的岩洞。塔拉河流经塔拉峡谷，是公园内主要的景点。塔拉峡谷深约 1300 米，是欧洲最深的峡谷之一，甚是壮观。春天来这里玩漂流是一个绝佳的选择，说不定还能看到濒临灭绝的多瑙河鲑鱼。公园内有许多冰川湖，当地人称之为“山的眼睛”。最大的冰川湖是黑湖。黑湖因其水色深暗而得名，湖边绿杉环绕，超凡脱俗。杜米托尔国家公园有庞大的洞穴网，其中最著名的是拉德那佩契那冰洞。

>> 游览建议

徒步返回的途中，经常会碰到牧羊人赶着羊群回家。黑湖和兹米涅湖都很容易找到，值得一去，但要注意春末时分，部分路段会有大面积的积雪或冰水。环绕博博托夫库克山徒步旅行，需要 5 至 6 小时，沿途可欣赏裸露地层中那些令人难以置信的矿石褶皱。

四个峡谷深度对比

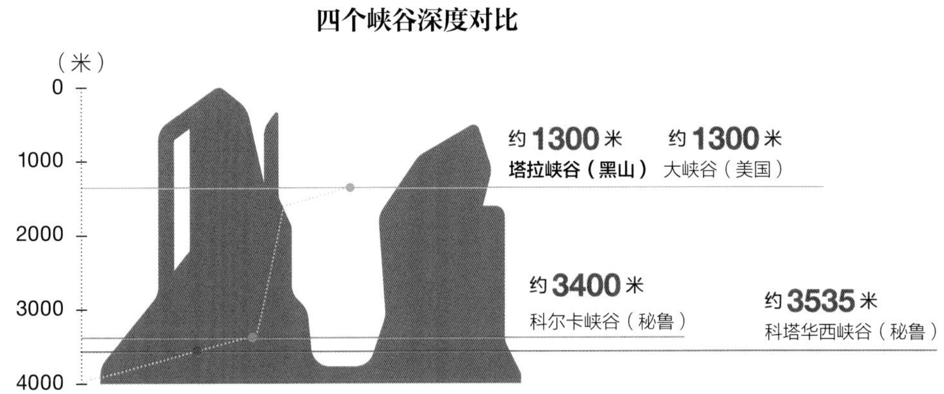

皮林国家公园（保加利亚）

>> 古树公园

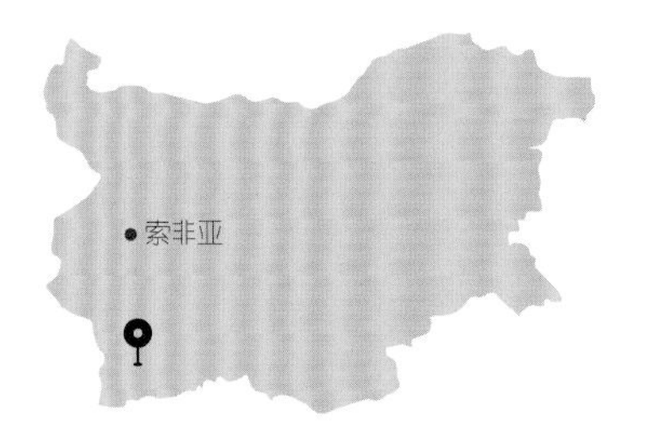

皮林国家公园位于保加利亚西南部的皮林山区，景色非常美丽，高耸的山峰和峭壁与草地、河流和瀑布形成鲜明对比。公园内约有 60 座海拔超过 2500 千米的山峰，其中包括著名的维赫伦峰——保加利亚第二高峰，海拔 2914 米。这些山峰给徒步旅行者和登山者带来了极大的满足感。公园内约 70 个冰川湖泊分布于崇山峻岭之间，其中克雷门斯基湖被保加利亚人誉为“最美丽的湖泊”。皮林国家公园里生长着成百上千种当地珍稀植物，其中有许多古老的树木，例如保加利亚最古老的松树贝库舒娃塔 · 穆拉，树龄长达 1300 年。公园也是狼、羚羊、棕熊等哺乳动物的家园。广受欢迎的滑雪胜地班斯科给这个古老的自然世界增添了现代感。

>> 游览建议

在皮林国家公园，即便没有向导，也可以独自徒步旅行。位于罗真村庄的中世纪修道院值得一游。长途跋涉后，需要休憩一下，建议去多伯里尼施特或桑丹斯基泡一会儿温泉。除此之外，不要错过班斯科，它是欧洲最划算的滑雪胜地之一。

五棵世界著名的古树及其树龄

2450 岁
津巴布韦的一棵巨型面包树

3000~4000 岁
意大利撒丁岛的一棵橄榄树

4844 岁
美国内华达州的一棵狐尾松

7200 岁
日本的一棵雪松

9552 岁
瑞典的一棵云杉

维龙加国家公园（刚果民主共和国）

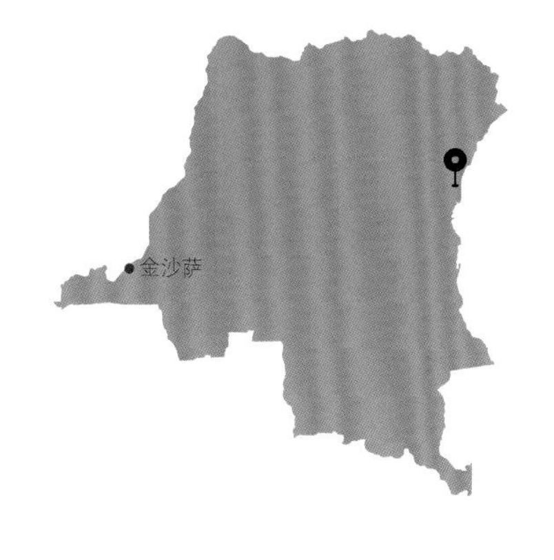

>> 非洲第一个国家公园

维龙加国家公园位于刚果民主共和国东部，拥有包括尼亚穆拉吉拉火山和尼拉贡戈火山在内的活火山链，是众多动植物的栖息地，同时这里也是非洲人口密度最高的地区之一，每平方千米有400位居民。可是，这片79万公顷的土地常年硝烟弥漫，大猩猩被猎杀，部分胡图族人为了制作木炭砍伐森林，武装分子用机枪屠杀河马，甚至还有人尝试在此钻探石油。

这里热带稀树草原辽阔，到处都是熔岩平原、沼泽、低地、湿地、冰原。鲁文佐里山脉的常年积雪、多样的自然环境，滋养着这里多样的生物。公园拥有218种哺乳动物、706种鸟类、109种爬行动物、78种两栖动物、22种灵长类动物，其中包括三种大型类人猿，蹄类动物中还有霍加狓。因为这种得天独厚的自然条件，维龙加国家公园1925年就成立了，成为非洲第一个国家公园。

>> 游览建议

徒步爱好者、登山爱好者一定要多去几次位于乌干达和刚果民主共和国交界处的鲁文佐里山脉。该山脉长达 120 千米，宽 65 千米，在其海拔 5109 米处有著名的斯坦利山和玛格丽塔峰。每年的 12 月下旬至次年 2 月下旬、6 月中旬至 8 月中旬是来此游览的最佳时间，因为这段时间晴天多，降雨少。

维龙加国家公园是非洲人口最稠密的地区之一

35 人 / 平方千米
刚果民主共和国的人口密度

177 人 / 平方千米
乌干达的人口密度

218 人 / 平方千米
尼日利亚的人口密度

400 人 / 平方千米
维龙加国家公园的人口密度

瑟门国家公园（埃塞俄比亚）

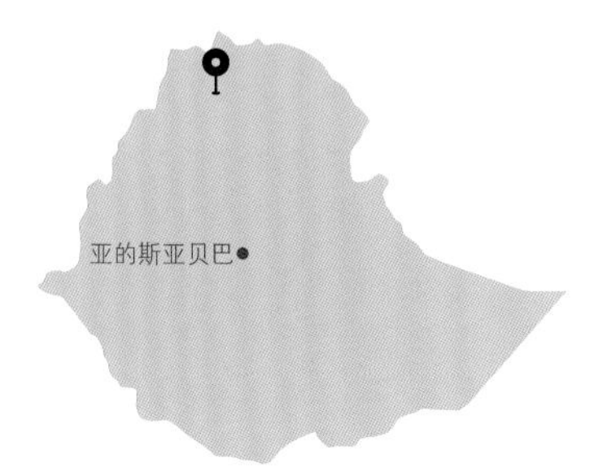

>> 徒步胜地

瑟门国家公园面积辽阔，景色壮丽。公园内因火山喷发形成的山峦延绵4000多米。这里还有巍峨陡峭的绝壁、人迹罕至的峡谷以及濒临灭绝的物种。一些悬崖高达1500米，风景独特，令人叹为观止。

山顶上的村庄不通水电，村民生活条件十分艰苦。村民们在海拔约3500米的梯田上种植蜀黍和苔麸，以此维持生计。山区夜晚会降温，但当地能够租用的装备防寒防雨效果并不理想，因此建议游客自己携带装备。游览此地必须由武装巡护员陪同，他们既是警卫，也是向导。生活在公园里的吉拉达狒狒不怕人，经常会出现在游客面前。

>> 游览建议

9 月至 10 月，瑟门国家公园雨季刚刚结束，这里光线充足，植被茂密。出发前，千万不要觉得巡护员过于啰唆，他们不但能指引你找到上山的小路、可用于洗漱的天然水，还能引导你欣赏山上迷人的风景。

瑟门国家公园的濒危动物及其数量

40~100 只
埃塞俄比亚狼

250~400 只
努比亚羱羊

3000~4000 只
吉拉达狒狒

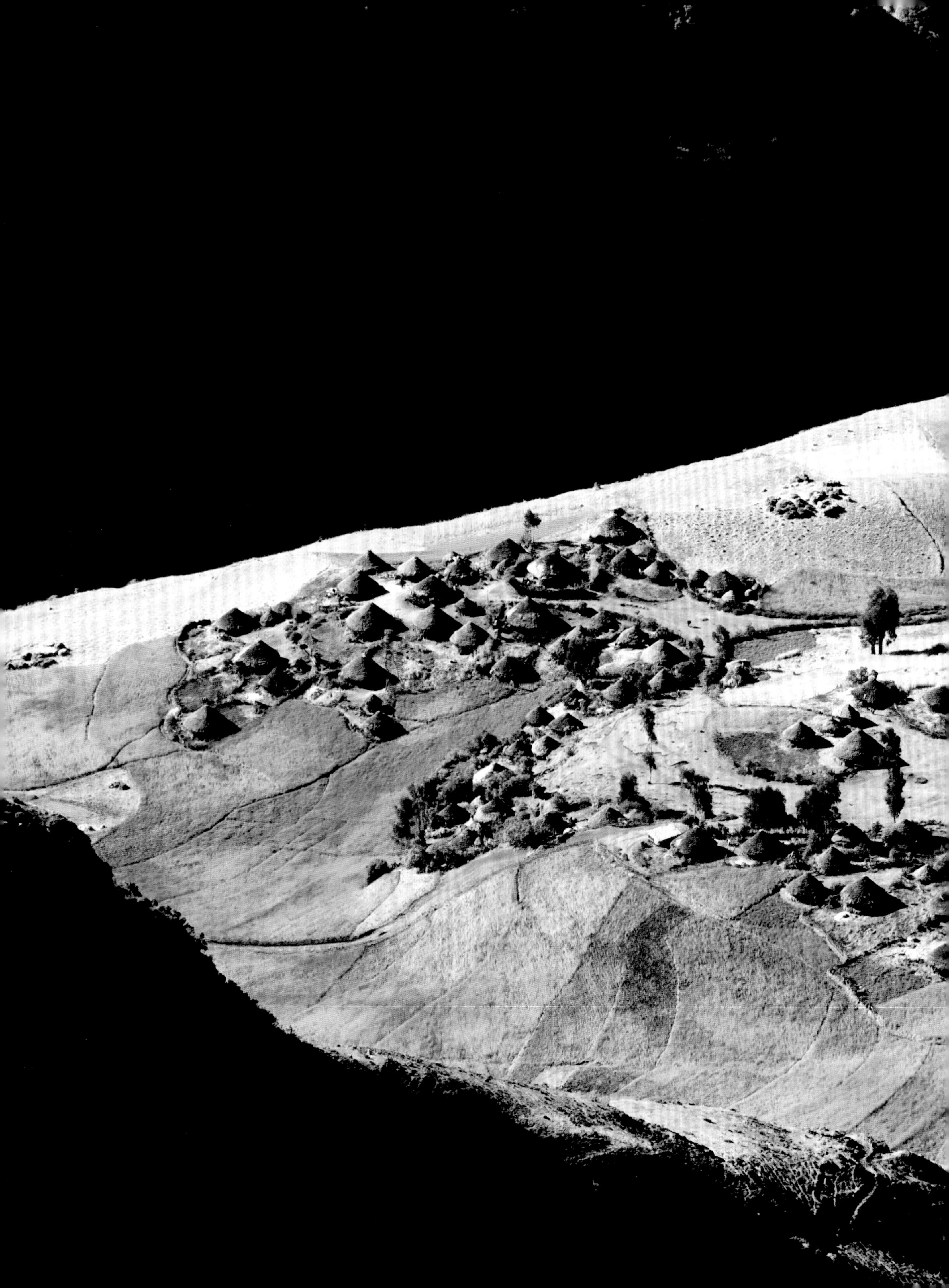

乞力马扎罗山国家公园（坦桑尼亚）

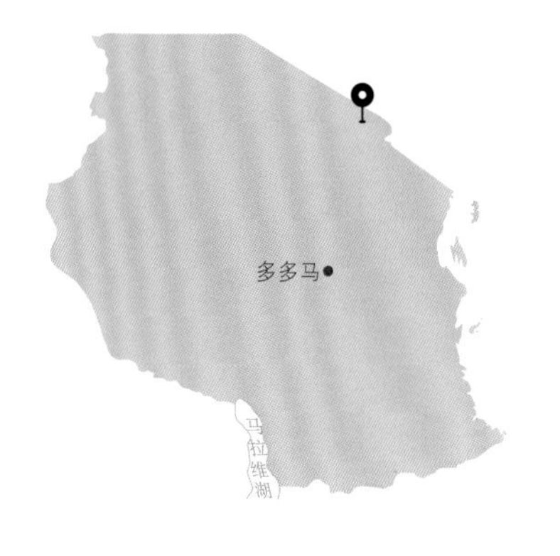

>> 非洲屋脊

非洲的赤道雪峰乞力马扎罗山闻名于世，很多书籍、电影和歌曲中都不乏它的身影。然而19世纪，第一批来到乞力马扎罗山的传教士回到欧洲后，提到非洲赤道附近有一座白色的雪山时，没有人相信他们。

乞力马扎罗山位于热带稀树草原中部，海拔5895米，是非洲最高峰，素有“非洲屋脊”之称，拥有马文济峰、西拉峰和基博峰三座火山。温度随海拔升高而降低。夜间，如果山脚的平均温度为24℃，那山顶的温度可降至-30℃以下。20世纪以来，全球变暖，森林遭受严重破坏，导致基博峰80%的积雪冰盖融化。

乞力马扎罗国家公园以乞力马扎罗山为中心，包括整个山区地带及周围的山地森林。公园深受游客喜爱，每年有近3万名登山者来乞力马扎罗山登山。登山时游客会经历多种生态系统：热带的香蕉种植园、茂密的森林、寒带的高山草甸等。没有选择登山的游客可以远远地欣赏乞力马扎罗山。山上云雾缥缈，大草原上斑马和长颈鹿奔跑嬉戏，自然风光十分迷人。

>> 游览建议

攀登乞力马扎罗山大概需要一周时间。靠近山顶的道路十分陡峭，但攀爬并不是很困难。攀登过程中要注意控制速度，即便是经常运动的人也可能因为爬得太快而出现高原反应。攀登乞力马扎罗山的最佳时段是 7 月至 9 月、12 月至次年 2 月。

乞力马扎罗山

6 条
不同的爬山路线（2/3 的攀登者选择最直接的马兰谷门路线）

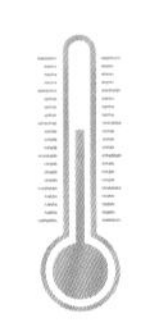

−30~−20℃
（夜间峰顶的温度）

50% 的登山者因放弃最后 1000 米或者其他原因导致攀爬失败

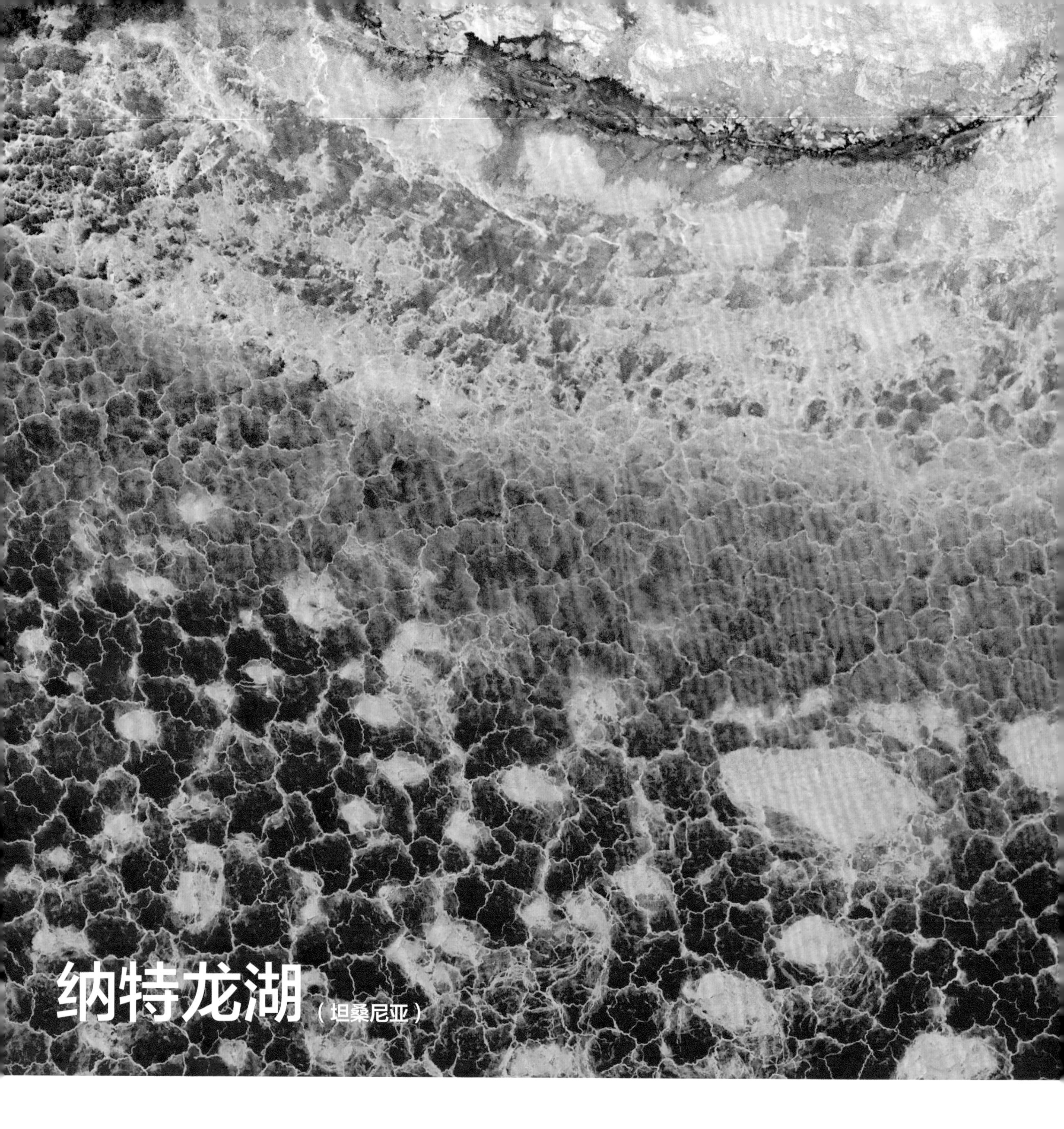

纳特龙湖（坦桑尼亚）

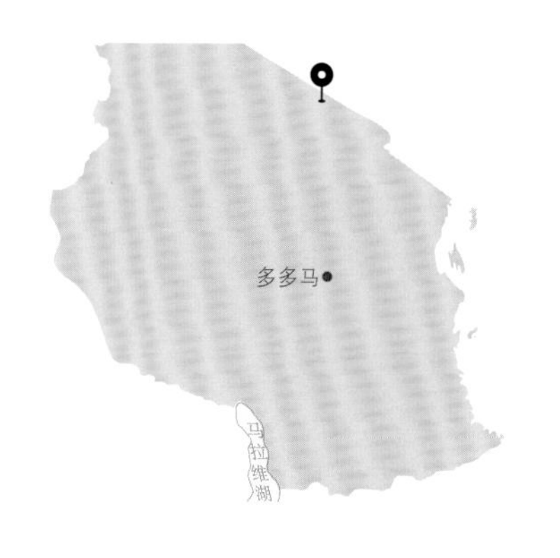

>> 火烈鸟的天堂

纳特龙湖位于坦桑尼亚东北部。在塞伦盖蒂国家公园近距离接触野生动物后，你便可以去纳特龙湖了。但纳特龙湖并不能让你痛痛快快地洗个澡，因为纳特龙湖的湖水碱性极强，酸碱值（pH 值）接近氨水，水温经常高达 50℃以上，根本无法洗澡。只有少数耐碱性较强的生物能在此生存。当含红色素的蓝藻在湖中蔓延时，湖水被染成粉红色或朱红色，场景令人震撼。纳特龙湖栖息着成千上万只火烈鸟，它们以藻类等为食。从塞伦盖蒂或恩戈罗恩戈罗驱车约 4 小时可以到达纳特龙湖。这里气候干燥，附近有马赛人居住。纳特龙湖南部边缘有海拔 2878 米的伦盖火山，马赛人称伦盖火山为“神山”。

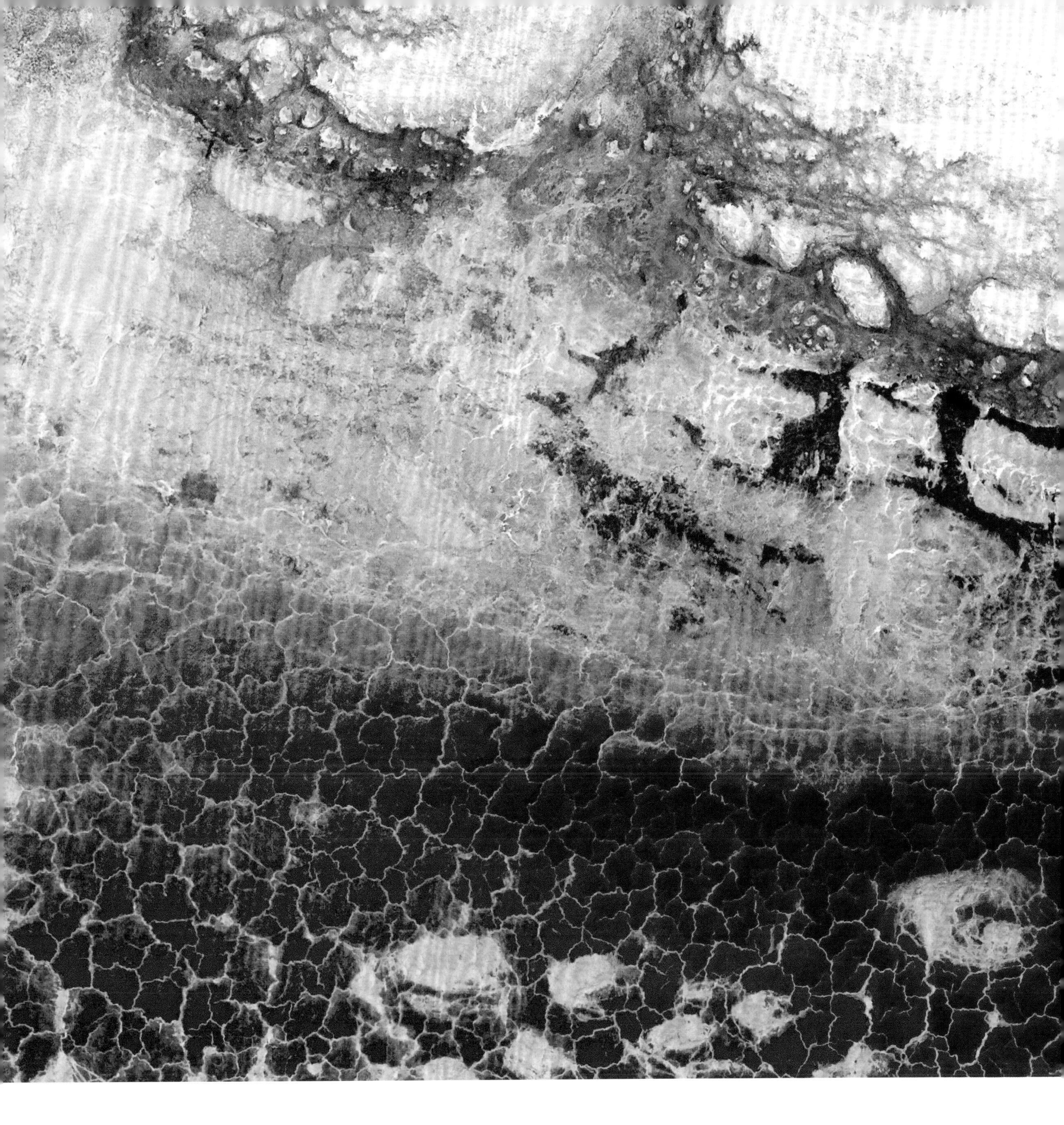

>> 游览建议

身体素质良好的徒步旅行者会选择在夜间攀登伦盖火山，这样便可以在清晨时分站在山顶上观赏纳特龙湖的日出。黄昏时分，最适合去寻找成群的火烈鸟。12 月至次年 3 月是纳特龙湖地区一年中最热的时段。建议避开这个时段，选择在雨季游览纳特龙湖。

含盐量对比

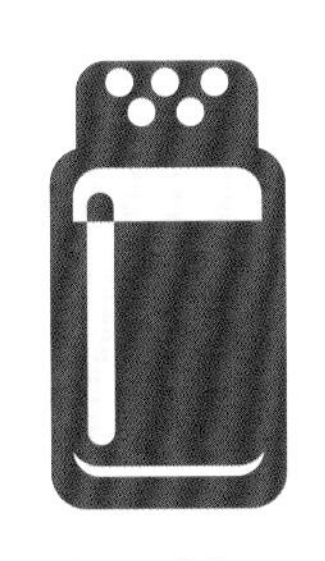

380~400 克 / 升
纳特龙湖

275 克 / 升
死海

30 克 / 升
大西洋

7.8 克 / 升
眼泪

恩戈罗恩戈罗自然保护区（坦桑尼亚）

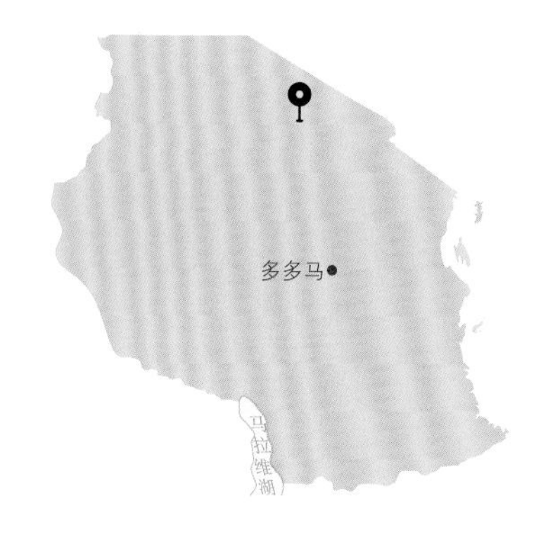

>> 非洲野生动物最集中的地方之一

恩戈罗恩戈罗自然保护区位于坦桑尼亚北部，面积 8292 平方千米，是非洲最重要的野生动物保护区之一。保护区得名于恩戈罗恩戈罗火山口。恩戈罗恩戈罗火山口直径约 20 千米，坑深约 600 米，是世界上最大的完整火山口之一。

恩戈罗恩戈罗自然保护区位于热带，气候独特，降雨丰富，形成了特殊的热带动植物群。夏季，火山口周围的稀树草原植被茂密，草原上遍布湖泊、沼泽，还有两片长满阿拉伯胶树的小树林。这里是非洲野生动物最集中的地方之一，有黑犀牛、大象、非洲狮子、长颈鹿、羚羊等哺乳动物，还有鸵鸟、鹈鹕和火烈鸟等 500 多种鸟类。每年春天，迁徙的火烈鸟云集在恩戈罗恩戈罗火山口的咸水湖，宛若一层粉红色薄纱铺在湖面上，景色异常美丽。恩戈罗恩戈罗自然保护区对马赛人季节性游牧开放。

>> 游览建议

坦桑尼亚的北部有两个雨季：小雨季（11月至12月）和大雨季（3月至5月）。这里春季游人较少，但此时的植物群落却最为壮美。虽然参观伦盖火山口仅需半天时间，但最好在此地多住一晚。伦盖火山口边缘有四家酒店，不论选择哪一家过夜，都会令你印象深刻！

放下武器！ 禁止狩猎！

1928年
恩戈罗恩戈罗禁止狩猎

1973年
东非国家禁止狩猎

1972年
印度禁止狩猎

1974年
瑞士的日内瓦州禁止狩猎

马拉维湖国家公园（马拉维）

>> 独立的生物区

马拉维位于坦桑尼亚、赞比亚和莫桑比克之间，是一个内陆国家。巨大的马拉维湖位于马拉维东部，是世界上最深的湖泊之一，也是非洲面积第三大的湖泊，相当于马拉维面积的 20%。

马拉维湖国家公园是马拉维政府专门为保护鱼类等水生动物建立的一座国家公园，位于马拉维湖南端，由马克利尔角半岛及其周围地区的 12 个小岛和 3 块陆地组成，面积 94 平方千米。公园内生态环境多样，有丘陵、沙滩、沼泽和潟湖等。湖水清澈深邃，能见度极深，深受潜水爱好者喜爱。

马拉维湖国家公园是一个相对独立的生物地理区。这里约有 350 种慈鲷鱼，除 5 种外，其余都是当地特有。在生物进化研究方面，马拉维湖的慈鲷鱼与英国博物学家达尔文所研究的加拉帕戈斯群岛地雀具有同等重要的科学价值。马拉维湖国家公园还是河马等哺乳动物，蜥蜴、湾鳄、蛇类等爬行动物的栖息地。

>> 游览建议

每年的5月至9月是马拉维湖的旅游旺季。傍晚时分，可以找一位渔夫，请他带你在水上游览一圈，然后自己再到湖岸边散散步，会有一种在塞舌尔的感觉。利翁代国家公园就位于马拉维湖南岸，你可以在公园内徒步旅行或乘船游览，近距离观赏大象、狮子、豹子或犀牛。

马拉维湖深邃而清澈的湖水

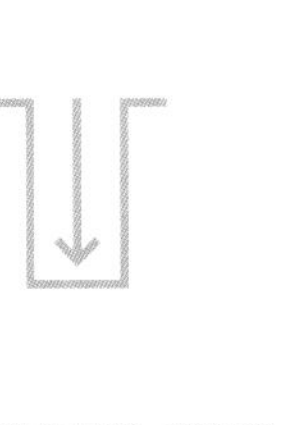

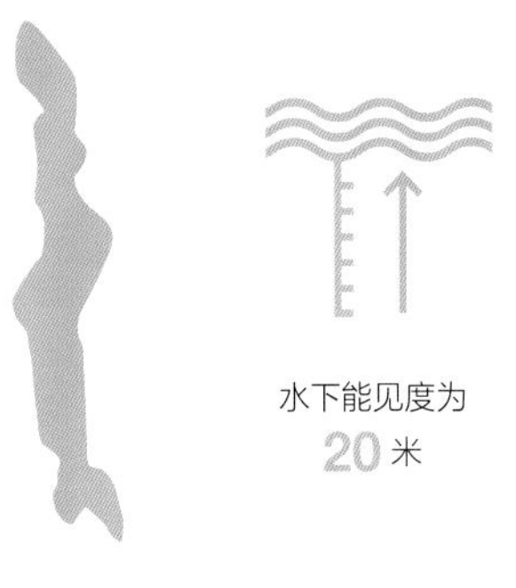

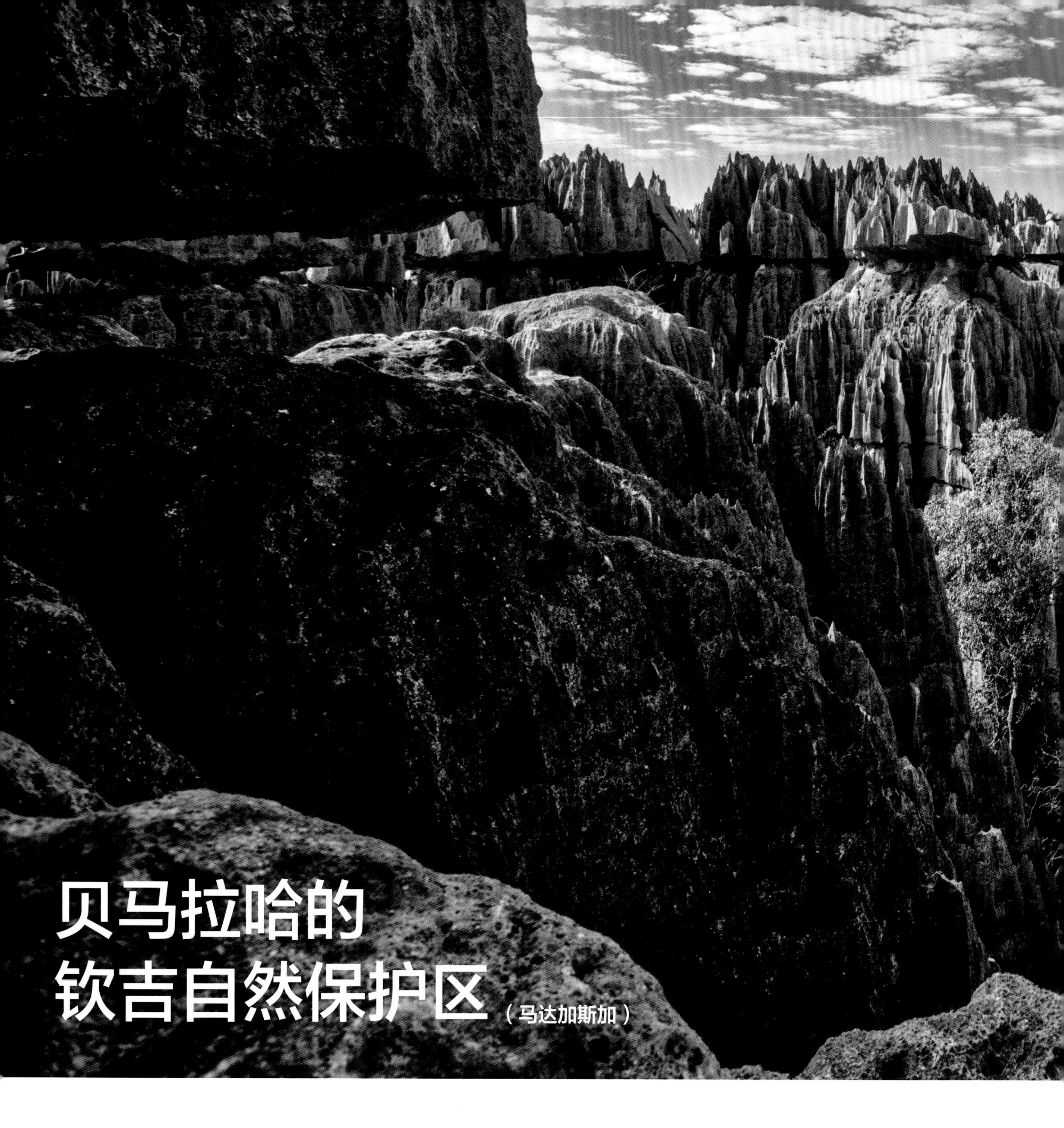

贝马拉哈的钦吉自然保护区（马达加斯加）

>> 狐猴的家园

马达加斯加岛位于非洲大陆东南的印度洋上，岛上遍布石灰岩丘陵，常年受雨水冲刷，形成数不胜数的断层、洞穴、裂缝、石林。贝马拉哈的钦吉自然保护区位于马达加斯加岛西部。“钦吉”在岛上土著居民的语言（马达加斯加语）中意为“不能赤脚行走的地方”。尽管如此，这片荒凉的土地仍是岛上第一批居民的避难所。这里也是许多动植物的家园，其中数量最多的是珍稀动物狐猴。

在贝马拉哈的钦吉自然保护区，你可以去位于刀锋石林之间、距地面 50 多米的悬空栈道，也可以选择其他游览路线去感受这里的溶洞以及错综复杂的地下迷宫。

位于穆龙达瓦郊外的猴面包树大道（见第 100—101 页）是马达加斯加岛的一处热门旅游景点，这里十分幽美，距离酒店仅数千米。猴面包树象征爱情，错综纠缠的树枝令人惊叹。传说猴面包树能给人带来好运。

>> 游览建议

在雨季，贝马拉哈的钦吉自然保护区内很多景点都无法游览；旱季（5月至10月）相对凉爽，是这里的旅游旺季。其实在旱季正午太阳辐射也很强，建议在清晨前往保护区，这样可免受炎炎烈日的烘烤。猴面包树是马达加斯加的著名树种，也是拍照打卡的必去景点之一。黄昏时分，落日辉映下的猴面包树令人印象深刻。

猴面包树

马达加斯加有7种猴面包树

猴面包树高度可达30米

猴面包树是最古老的树种之一

纳米布沙海（纳米比亚）

>> 一无所有的平原

纳米布沙海位于纳米布纳乌克卢夫国家公园内。“纳米布 ”意为 “一无所有的平原”，但实际上，这片沙海到处都有生命存在。这里以游牧景观为主，雨水甚少，强风阵阵，沙丘不断偏移，景色也因此变幻莫测。从大西洋吹过来的湿气受寒冷的本格拉洋流影响，很难到达陆地，于是在纳米比亚形成沙海与大海交汇的奇观。纳米布沙海气候干旱，白天地表最高温度可达 70℃。庆幸的是，沙子底下的温度能稍微低一些，动植物已逐渐适应这里的气候。

纳米布沙海的索苏斯夫莱地区因拥有艳丽的橘红色沙丘而闻名，这里也是游客最容易到达的地方。在这片橘红色世界中，有一个淡水湖已干涸龟裂，还有一些奇形怪状的死树，景象犹如“世界末日”。

>> 游览建议

每年 4 月和 11 月是纳米比亚的旅游旺季。纳米布纳乌克卢夫国家公园全天候开放。你可以夜里前往，赶在黎明前，欣赏索苏斯夫莱地区美丽的日出，也可以在清晨乘坐热气球飞越这片寂静的世界，欣赏清晨第一缕阳光下呈现出不同色彩的沙漠景观。

年降水量对比

（2014 年）

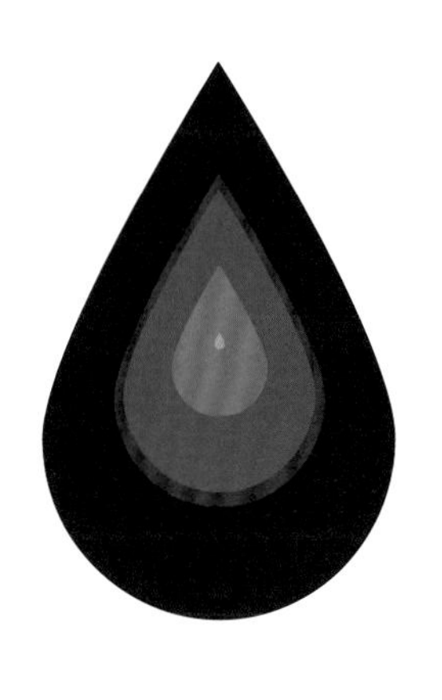

■ **867** 毫米 法国

■ **832** 毫米 意大利

■ **495** 毫米 南非

■ **460** 毫米 俄罗斯

■ **285** 毫米 纳米比亚

■ **25** 毫米 纳米布沙漠

奥卡万戈三角洲（博茨瓦纳）

>> 到不了海洋的河流

奥卡万戈河发源于安哥拉比耶高原，曾和林波波河汇流，最后注入印度洋。后来造山运动和断层作用阻断了河流，使它不断后退，水流转向卡拉哈迪沙漠（位于卡拉哈迪盆地西南部）。水流在卡拉哈迪盆地中四处流散，形成巨大又肥沃的奥卡万戈三角洲。三角洲内数以万计的水道和潟湖形成的水网如同迷宫一般错综复杂，这里是众多野生动物的家园。

三角洲内，一年四季植被茂密，特别是每年4月至8月旱季期间，奥卡万戈的洪水在整个三角洲泛滥开来，三角洲的面积可增加一倍，达到1.8万平方千米。此时是前往莫雷米自然保护区寻找大型哺乳动物的最佳时间，尤其是大象、狮子、豹、黑犀牛和水牛等。夜晚，河马会来河边喝水。这里还是斑马、长颈鹿、羚羊以及众多迁徙鸟类的家园。食草动物喜欢洪水退却后留下的广阔草地，在这里远处捕食者的举动清晰可见。

>> 游览建议

你可以从马翁出发，乘坐飞机到达位于奥卡万戈三角洲东北部的莫雷米自然保护区，来一场真正的远途旅行：在帐篷或者保护区内的小木屋里过夜，徒步远行，乘坐越野车或被称为“梅科罗”的独木舟探险……如果选择驾驶摩托艇旅行，周围的一些动物可能会因为害怕而远离河流，但不得不说，这是寻找鳄鱼及河马的最佳方式。

关于奥卡万戈三角洲的一些数据

1500千米
奥卡万戈河的长度

60万公顷
永久性沼泽的面积

1.8万平方千米
洪水期水域面积最大值

120万公顷
草原被河水淹没的面积

20万只
大型动物数量

莫西奥图尼亚瀑布（津巴布韦、赞比亚）

>> 霹雳之雾

如果你乘船游览莫西奥图尼亚瀑布（维多利亚瀑布），一定会被它的雄伟气势所震撼，就像150多年前，英国著名探险家戴维·利文斯通首次见到它时一样。这条瀑布被当地土著居民称为“莫西奥图尼亚”，意为“霹雳之雾”。戴维·利文斯通发现它后，以当时英国女王的名字（维多利亚）为其命名。如今这条瀑布的原名已被广泛使用。

莫西奥图尼亚瀑布是由一条深邃的岩石断层横切赞比西河而形成的。这条瀑布宽1708米，高108米。每到雨季，瀑布水帘以万马奔腾之势飞泻而下。溅起的水雾折射阳光，产生旖旎的彩虹，气势磅礴。

步行游览时，最好沿着莫西奥图尼亚瀑布大桥（“刀刃桥”）观赏主瀑布。如果想要欣赏整个瀑布区，乘坐直升机或小型飞机从高空掠过断层峡谷无疑是最佳方式。

>> 游览建议

从津巴布韦观赏莫西奥图尼亚瀑布，景色极为壮观震撼。月圆时分，这里的水雾折射月光，经常形成月虹奇观，景色十分迷人。在瀑布顶部的“魔鬼池”游泳嬉戏，在莫西奥图尼亚瀑布大桥上蹦极，都是不错的冒险体验。

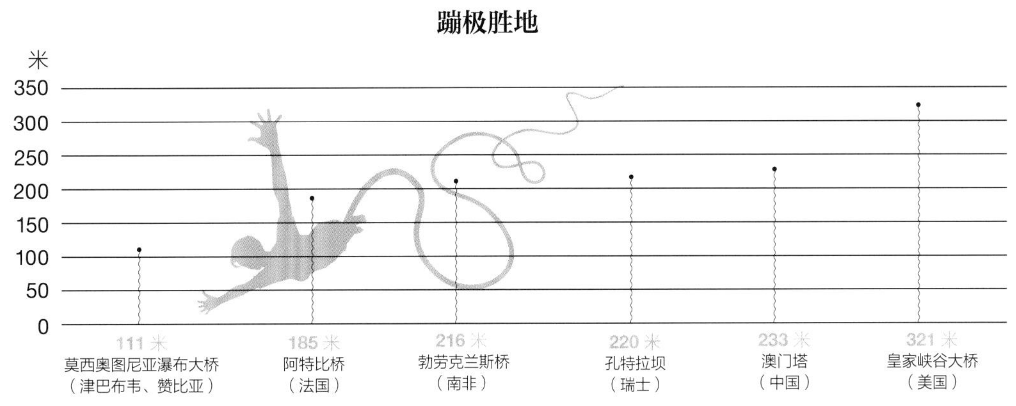

马纳普尔斯国家公园（津巴布韦）

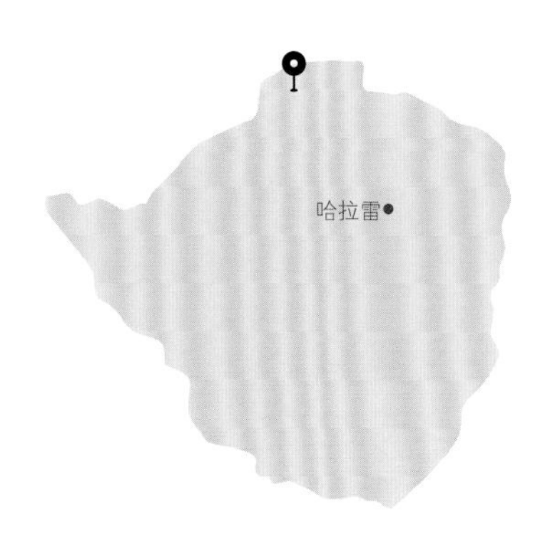

>> 动物们在旱季时的饮水地

马纳普尔斯国家公园被列入《世界遗产名录》时，是著名的非洲黑犀牛栖息地，但后来这里的非洲黑犀牛灭绝了。现在，该公园重点保护狮子、猎豹、非洲豹、河马、尼罗河鳄鱼等濒危物种。在巡护员的陪同下，游客可以在公园中徒步或乘独木舟寻找珍稀野生动物。这里的野生动物可以越过赞比西河，在津巴布韦和赞比亚两国之间自由穿梭。

赞比西河古老的河床形成了四个常年湖泊。这条河床周围曾是黑奴贸易和象牙贸易的主要区域。马纳普尔斯国家公园水源充足、植被茂密，栖息着众多的野生动物。长湖是四个常年湖中最大的一个，旱季时，河马、鳄鱼、大象会来这里喝水。游客在此露营时，经常会看到好奇的大象在帐篷周围徘徊，感觉像是生活在拉迪亚德·吉卜林的故事里。

>> 游览建议

旱季（6 月至 10 月）是到马纳普尔斯国家公园观赏动物的最佳时间，因为雨季时动物通常会远离河流。公园中有几个木屋旅馆，需要预订。如果预算不多，或者喜欢独自一人旅游，也可以选择在空地上野营。公园中的狮子都戴有无线电发射器，护林员很容易找到它们。

由三个保护区构成的世界自然遗产

为野生动物提供了生存的乐土

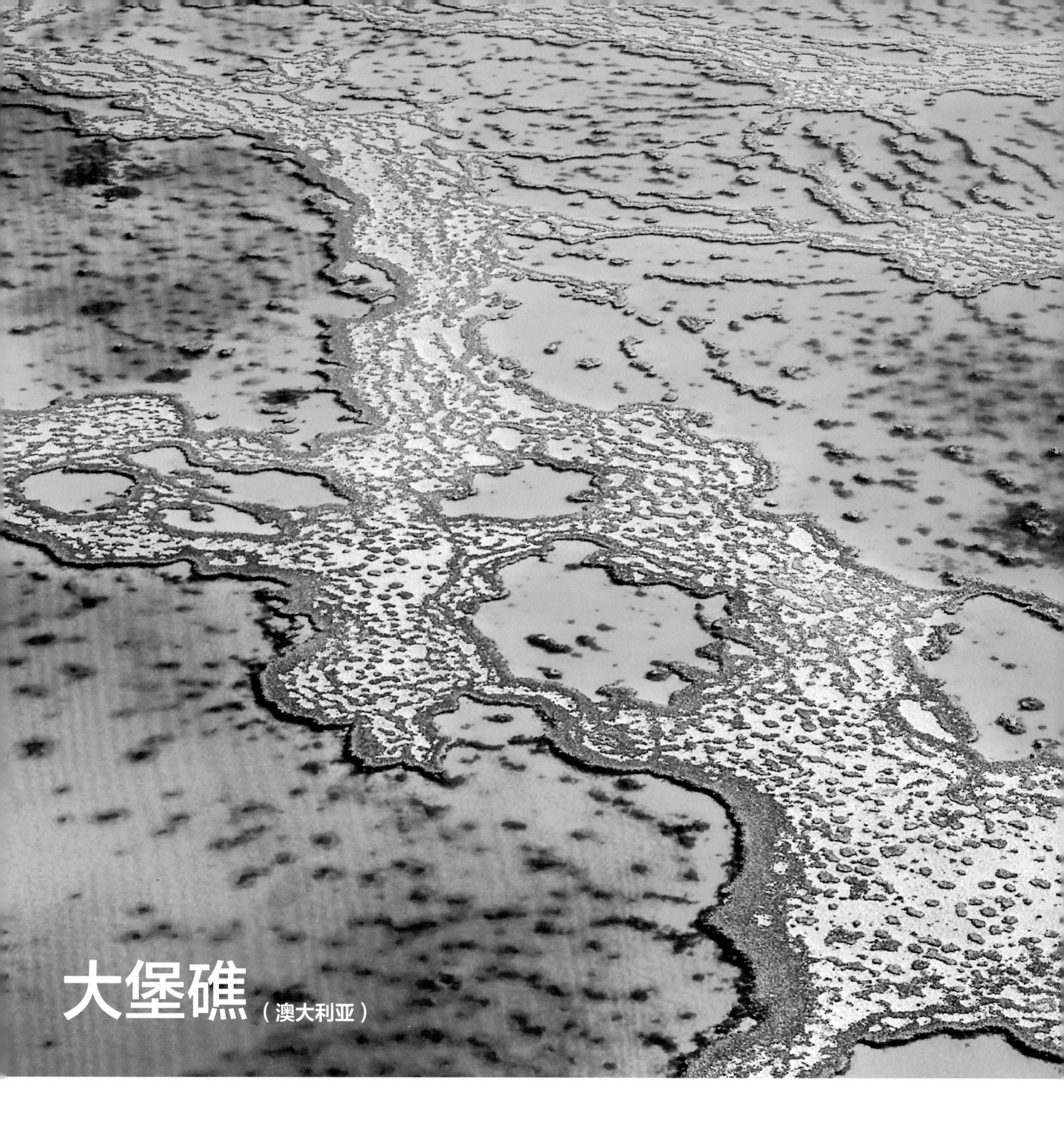

大堡礁（澳大利亚）

>> 美丽且脆弱

澳大利亚大堡礁是现代规模最大的堡礁，由3000多个珊瑚岛礁组成。其中最著名的岛礁是心形礁，心形礁的形状完全是自然形成的。

大堡礁位于约克角半岛和班达伯格之间，绵延2000多千米。碧绿的海水中生活着400多种珊瑚、1500多种鱼类、4000多种软体动物。这里还有种类繁多的海绵动物、海洋蠕虫、甲壳类动物、海葵，以及儒艮和绿海龟等濒危物种。

令人遗憾的是，频繁出现的飓风正逐渐破坏这里脆弱的生态系统。全球变暖导致水温升高，珊瑚生存受到严重威胁。农业硝酸盐的排放给海洋造成严重的污染，某些藻类出现并迅速繁殖蔓延，同时出现一些有毒的食肉性棘冠海星。由于种种不利因素的影响，自1985年以来，这片世界上最大的珊瑚礁已消失一半。

如今，两种珊瑚保护机器人已研发成功并被投入使用。第一种机器人主要用于追踪并捕捉棘冠海星，第二种机器人将在大堡礁周围投放数百万株小珊瑚，帮助大堡礁再生。

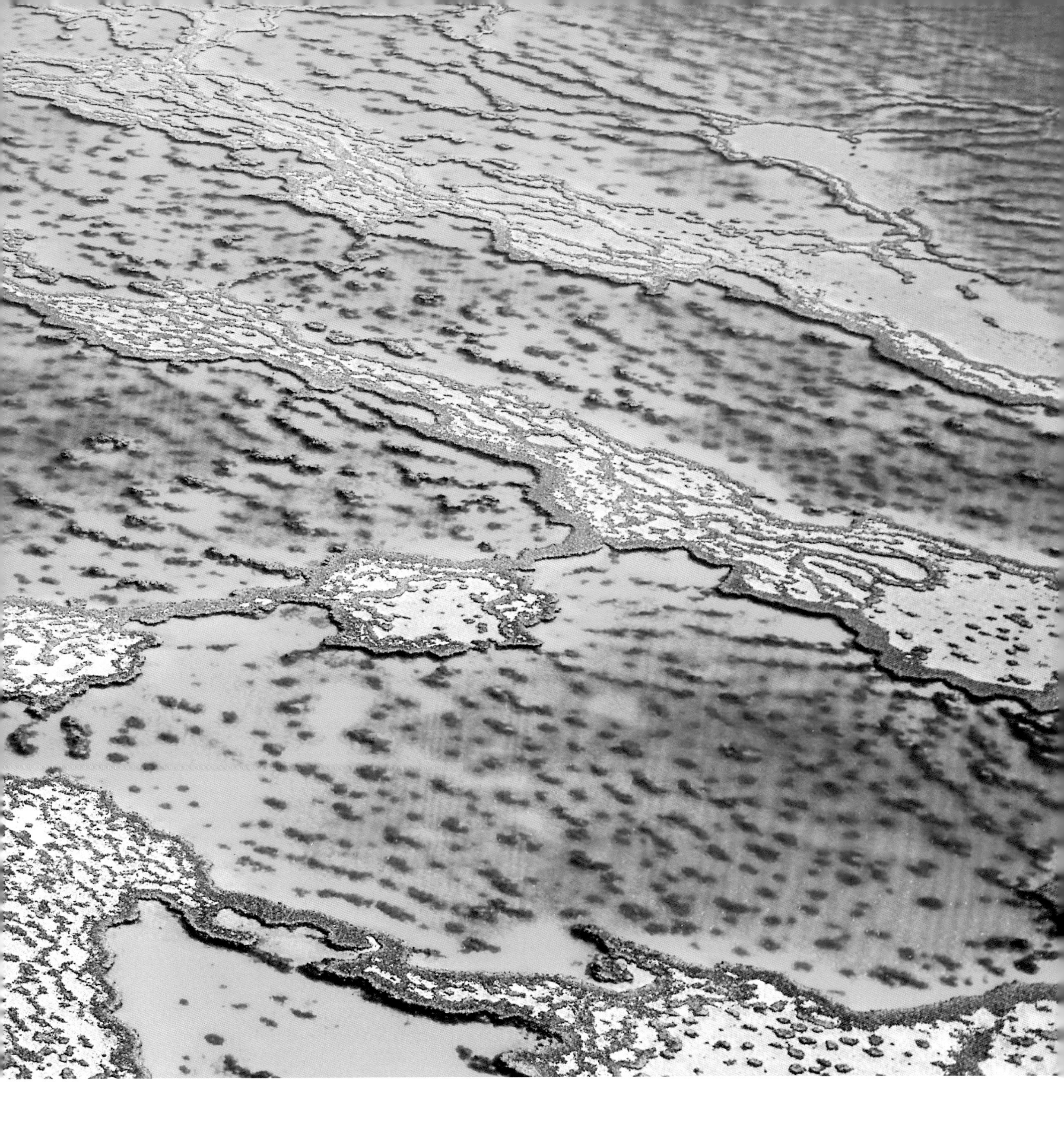

>> 游览建议

澳大利亚大堡礁一年四季都适合潜水。如果选择在 11 月至次年 5 月期间前来，一定要带上防水母服。建议你计划一次长途旅行，去看一看鱼鹰礁、丝带礁或鳕鱼洞等远海景点，虽然距离较远，但可以欣赏到几乎没有受到破坏的壮观的大堡礁外礁。如果选择在 6 月至 8 月前来，你有可能遇到海豚或是座头鲸。

濒临灭绝！

根据世界自然保护联盟的统计，地球上约 **10 万**个物种已成为濒危物种

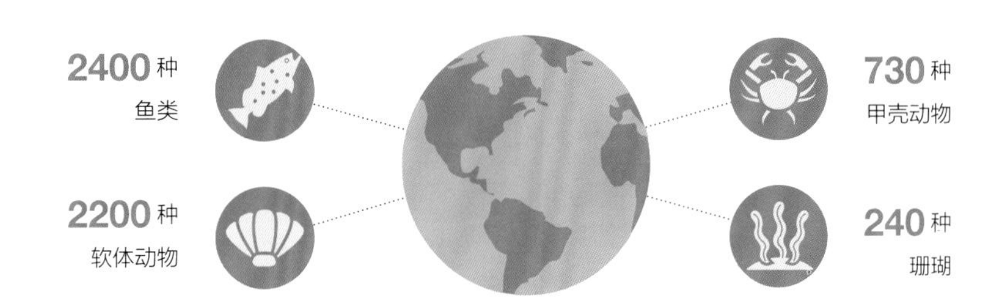

普尔努卢卢国家公园（澳大利亚）

>> 橙灰相间的山峦

普尔努卢卢国家公园的班古鲁班古山脉是由古老河床沉积物挤压而形成的砂岩地貌。这里的砂岩经过 2000 万年的侵蚀，形成了蜂巢状塔形和圆锥形的山峦。山峦峭壁上橙色和灰色相间分布：橙色部分主要成分是氧化铁，灰色部分由古代一种生长在砂岩表面、能进行光合作用的单细胞生物沉积而成。

雨季时节，这里的动物十分活跃，植物非常茂盛。从北部沙滩望去，可以看到一些新的蜂巢状砂岩山即将形成。

普尔努卢卢国家公园地处偏远地区，因影视作品拍摄，被世人熟知，于 2003 年被列为世界自然遗产。游客可乘坐越野车从公园入口驶入，进行参观，如果足够幸运，很可能碰上飞机载客游览。

>> 游览建议

普尔努卢卢国家公园每年 4 月至 12 月中旬对外开放。7 月至 8 月是去普尔努卢卢国家公园旅游的最佳时间，这时候南半球正处在冬季。黎明或日落时分，在柔和的阳光照射下公园呈现一片金色。夏季白天，阳光在白色的砂岩石之间反射，整个公园就像一个巨大的烤箱。

根据莫氏硬度量表评估矿石的硬度

滑石

1 级
（最低硬度等级）

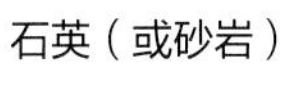

石英（或砂岩）

7 级

钻石

10 级
（最高硬度等级）

乌卢鲁－卡塔楚塔国家公园（澳大利亚）

>> 澳大利亚的红色心脏

乌卢鲁（也称艾尔斯巨石）看起来像澳大利亚内陆沙漠平原中的一个“小岛”。它是世界最大的单体岩石，高约348米，长约2.5千米，底部基围近10千米，格外醒目。围绕这块红色巨石走一圈，会发现巨石上有很多洞穴和天然储水区。几百年来，当地土著居民一直视乌卢鲁为圣地。

1977年，澳大利亚政府开始管理这片区域，以便更好地保护这里的自然环境。

与乌卢鲁相比，30千米外的卡塔楚塔（也称奥尔加山）好像鲜为人知，其壮观景象其实并不逊色于乌卢鲁。卡塔楚塔海拔546米，有36个形状独特的红色风化砂岩圆顶。在当地土著居民的语言中“卡塔楚塔”意思是“有许多头颅的地方”。

沿着河床前行，站在炽热的悬崖顶部可以看见不远处的国王峡谷。国王峡谷由绿洲、裂缝、天然游泳池组成，景色壮丽，令人震撼。

>> 游览建议

如果想自由地游览乌卢鲁－卡塔楚塔国家公园，建议你在爱丽丝泉租一辆房车，并在黄昏前到达园区，然后从不同角度欣赏夕阳下美丽的艾尔斯巨石和奥尔加山。每次暴雨过后，短暂的瀑布从艾尔斯巨石的各个侧面飞泻而下，景象非常壮观。建议游览时戴顶防虫帽，因为这里的蝇虫实在是太多了。

古老的山

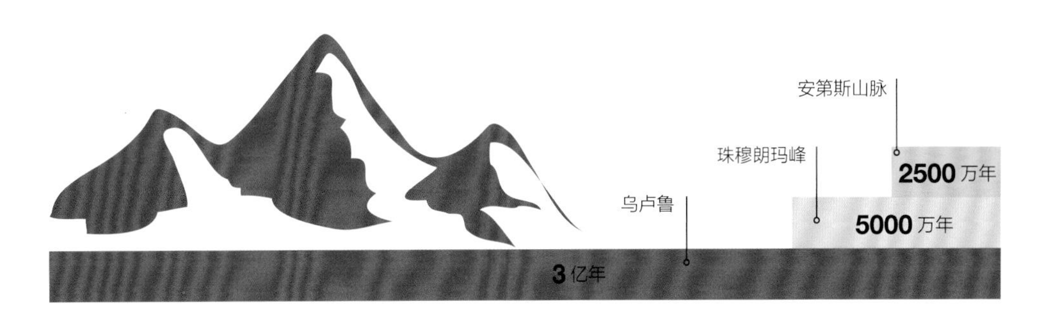

弗雷泽岛（澳大利亚）

>> 适合越野的沙滩

弗雷泽岛是世界上最大的沙岛。岛屿东部的沙滩延绵 120 千米，是道路、着陆带，也是捕鱼区，但并不适合潜水和游泳，因为周围温暖的水域中生活着很多水母、鲨鱼，水下还有危险的洋流。

建议去伊莱溪，乘船在溪水上漂游。1935 年搁浅的玛希诺沉船现位于弗雷泽岛东海岸，是弗雷泽岛的热门旅游景点之一。印第安角附近海水比较平静，在这里能看到鳐鱼和鲨鱼，之后可以选择去香槟泳池游泳，这是一片与海浪相拥的天然泳池。在海滩上驾驶沙滩越野车会给人带来自由的感觉，但离开沙滩，在跨岛小路上开车并不是一件容易的事。

弗雷泽岛的热带雨林中隐藏着许多湖泊，其中最受欢迎的是麦肯齐湖。这里美若天堂，碧绿色的湖水清澈见底，一直延绵到海边。比拉宾湖也有大型的白色沙滩，且从比拉宾湖出发，步行即可到达瓦比湖。弗雷泽岛上可以露营，但要注意提防岛上的澳大利亚野犬。这些居住在岛上的野犬四处窥探觅食，有时会攻击人类。

>> 游览建议

弗雷泽岛受潮流影响较大，因此要根据其周围的潮流情况安排旅行。另外，最好不要在9月前来旅游，因为这时段，海滩上到处都是渔民的身影。在此旅游期间，如果你的手机信号不好，无法拨通电话，可以向澳大利亚人求助，因为弗雷泽岛也是澳大利亚人最喜欢的旅游胜地之一。

似狗又似狼的澳大利亚野犬

4000—3500年前
被引入澳大利亚

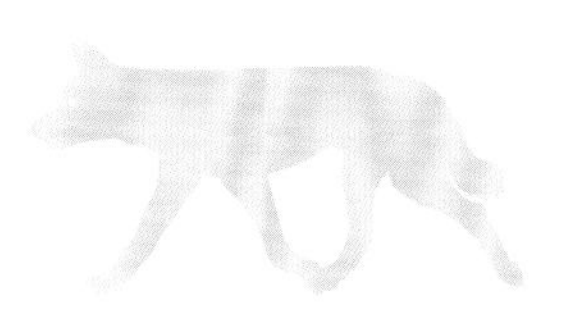

90%
的澳大利亚野犬是杂交犬

设置了5320千米长
的围栏，以保护澳大利亚南部免遭澳大利亚野犬袭击

大蓝山地区（澳大利亚）

>> 在浅蓝色的雾霭中

大蓝山地区，即大蓝山山脉地区，位于澳大利亚东南部。该地区因范围广阔，且山林里生长着各种桉树，桉树释放到空气中的油雾，经光线漫射，呈现浅蓝色，故称大蓝山地区。早期开拓者长期以来一直认为大蓝山地区是无法穿越的。但实际上，从悉尼出发，有一条小路可以蜿蜒通向卡通巴，这是探索大蓝山地区的出发点。这条小路带有人工建造的色彩，与周围的原始雨林形成鲜明的对比，一眼就能发现。

回声谷位于贾米森山谷上方 900 米的凸角处，从那里可以看到纸牌山和三姐妹峰。三姐妹峰是三座针状的石峰，因当地的传说故事而得名：传说这三位姐妹出生在同一部落。异族敌人爱上了三姐妹，计划绑架她们。为了保护三姐妹，巫师将她们变成了石头。然而巫师最终战死，咒语无法被解开。

大蓝山地区也是徒步旅行者的天堂，十分适合家庭出游。在公园中散步一会儿或徒步几天，即使看不到考拉，也可以聆听竖琴鸟婉转的歌声。在交配的季节，竖琴鸟能够完美模仿其他鸟类的啼叫声，更令人惊讶的是，它们甚至还可以模仿照相机的快门声或是链锯伐木的声音。

>> 游览建议

周末最好不要去大蓝山地区，因为这里是悉尼人最喜欢的旅游胜地之一，每到周末前来度假游玩的当地游客络绎不绝。春季山中的瀑布十分壮观，夜晚景区凉爽宜人。如果想要欣赏日落，可以去卡希尔眺望楼。你还可以驾车在延绵 300 千米的环形旅游大道上自由行驶，更好地欣赏大蓝山地区。

六英尺步道——大蓝山地区最受欢迎的徒步远足地之一

从卡通巴到珍罗兰钟乳石洞约 **45** 千米

徒步走完全程需要 **3** 天

沿途经过 **3** 个露营地

威兰德拉湖区（澳大利亚）

>> 澳大利亚的长城

威兰德拉湖区位于澳大利亚新南威尔士州西南部的墨累河盆地，很久以前，这里曾是一片沃土。考古发现证明，6 万年前至 4.5 万年前这里已有人类居住。当时生活在这里的智人（蒙哥人）已知道如何用砂轮碾碎种子，如何管理淡水资源，也知道死者需要埋葬。20 世纪 60 年代后期在地下发现的脚印化石表明，这里的土著居民曾经向北迁移，可能是受1.85万年前的湖泊干涸所迫。

现如今，这里仍然有一片巨大的半干旱地区，并随风形成沙丘。在古老的蒙哥湖东岸，有一段延绵 30 多千米的沙墙，被称为“澳大利亚的长城”。随着风的不断侵蚀，这里形成了 30 多米长的沟壑。游客必须在当地居民向导的陪同下才能靠近这些奇特的自然遗迹，否则只能站在远处的观景台上观看。当地居民向导会向游客详细讲述威兰德拉湖区古老的历史。

>> 游览建议

南半球夏季炎热，建议你在春季或秋季参观蒙哥国家公园，而且一定要去红顶观景台或者维加斯沃观看绝美的日出或日落。你也可以在环湖步道上悠然自得地散步，还可以去参观古老的农场或者信息中心附近的农民之家。

蒙哥大地

10万年前
形成山脉丘陵

6万—4.5万年前
有人类居住

3万—2.6万年前
的火葬场遗址

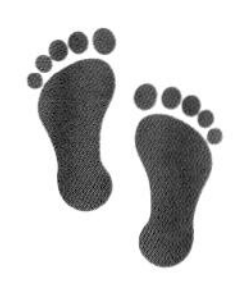

2.3万—1.9万年前
的124个脚印

1.85万年前
湖泊干涸

>> 世外桃源

豪勋爵岛没有电线，没有高楼大厦，更无法接收手机信号，是一个几乎远离现代世界的“世外桃源”。在岛上，海浪声和风声中可能掺杂的唯一一点现代世界的影子，是往返于悉尼和这里的航班。

豪勋爵岛位于塔斯曼海北部，面积仅10多平方千米，由海底火山喷发形成。该岛的两个最高峰是利居柏德山和高尔山，也是因火山活动而形成的。岛上约有350名常住居民，游客的数量也有限，大家以当地的鱼类和蔬菜为食。

这座岛屿小而精致，在极小的面积内汇聚了多样的奇观：陡峭的高山、起伏的丘陵、蜿蜒的潟湖、斑斓的珊瑚等。这里也是绰号为“陆地龙虾”的巨型竹节虫赖以生存的家园。

>> 游览建议

如果想亲眼看到明信片中的豪勋爵群岛，须爬上海拔约 875 米的高尔山。高尔山陡峭难攀，登顶需要攀岩，因此这条线路更适合身体素质良好、擅长攀岩的游客。如果登不了高尔山，可以去伊丽莎山，伊丽莎山风景丝毫不逊色于高尔山。布尔齐海滩因海浪中的“香槟泡沫”而闻名，这也给冲浪者带来极大的愉悦感与满足感。

塔斯马尼亚国家公园群（澳大利亚）

>> 徒步者的乐园

塔斯马尼亚州位于澳大利亚的最南端，风景秀丽，有碧绿清澈的海水、优美狭长的海滩、茂密浓郁的雨林和若隐若现的高山。

下轮渡后，从德文波特出发行驶大约 1 小时，便可以到达摇篮山圣克莱尔湖国家公园（塔斯马尼亚国家公园群的一部分），这里是徒步远足者的乐园。不擅长远足的游客，可以沿着多芬湖漫步一圈，一览公园的奇景。当湖水平静时，摇篮山静静地倒映在湖面上，好似一张天然的明信片。陆上步道是唯一一条从北向南贯穿公园的大道，经验丰富的远足者可以沿着这条路在公园中徒步。陆上步道总长 65 千米，走完全程通常需要 6 至 7 天。从公园南门出发，驱车一个小时即可到达尼尔森瀑布。尼尔森瀑布极为壮观，瀑布下落在不同高度的山体上，落差可达 35 米。

>> 游览建议

从游客接待处乘坐小型巴士约 10 分钟便可到达多芬湖。建议沿顺时针方向徒步游览多芬湖，绕多芬湖走一圈需要两到三个小时。从冰川岩的顶部可以欣赏到极为壮丽的景色，但千万要当心，别跌落下去！如果想要拍摄最美丽的风景，建议去木屋附近的海滩，在那你能看到倒映在湖中的摇篮山。

陆上步道

步道长 **65** 千米
（其中 18 千米为弯路）

走完步道全程需要 **6—7** 天
（步道海拔大多在 1000 米以上）

背包重量最好
不超过 **18** 千克

每年约有 **8000** 人
沿着这条步道徒步旅行，其中包括约 600 名受过训练的儿童

峡湾地区国家公园（新西兰）

>> 峡湾的世界

当地传说峡湾地区是“半人半神”的图特拉基法诺阿用扁斧砍削岩石形成的。实际上它是冈瓦纳古大陆的遗迹，在板块分裂、漂移之前就已经存在了。

米尔福德峡湾是此地最著名的峡湾之一。《指环王》三部曲中的许多场景都是在这里拍摄的。这个古老的冰川山谷在南阿尔卑斯山和米特峰（海拔约1692米）的衬托下，显得分外幽美。神奇峡湾的名字源于詹姆斯·库克船长。当时他见此处雾色蒙蒙，四处透着神秘的气息，害怕船队被困在其中，因此不敢冒险带领船队继续前行。神奇峡湾地处偏僻山区，因其荒野和野生动植物而闻名。周围的海洋保护区内有海狗、凤头企鹅和海豚，还有已在此生存数百年的黑珊瑚。在阴冷的水域上方，山体被浓郁茂密的原始森林覆盖着。银色的山毛榉树生长在岩石裂缝间，根部与岩石缠绕在一起。在雨雪天，有时能看到整块岩石连同山毛榉树一起掉落谷底。

>> 游览建议

蒂阿瑙、马纳普里两个小镇是通往峡湾地区国家公园的两个门户。你还可以前往威尔莫特山口，从那里望去，整个峡湾的壮观景色一览无余。若乘飞机前去游览，中途机长会让飞机选择性地盘旋，你可以从不同角度欣赏峡谷的美景。除此之外，蒂阿瑙的洞穴中栖息着大量的萤火虫，适合夜晚去参观。

峡湾地区

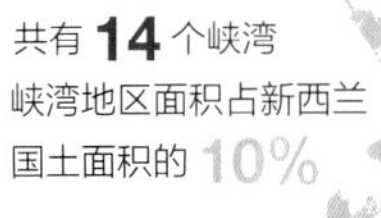

海岸线长约 **215** 千米

共有 **14** 个峡湾

峡湾地区面积占新西兰国土面积的 **10%**

远足小径长度共计 **500** 千米

全年降水日数约为 [illegible] 天

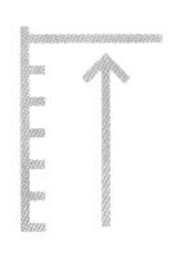

年降水量约 **7000** 毫米

汤加里罗国家公园（新西兰）

>> 跟随佛罗多的脚步

汤加里罗国家公园位于新西兰北岛，因汤加里罗火山而得名。汤加里罗火山与鲁阿佩胡火山、瑙鲁赫伊火山并称为汤加里罗国家公园的三大自然遗产。这三座火山位于一条长约 2500 千米的火山链以南，处于澳大利亚板块和太平洋板块的交界处。其中最大、最高的是鲁阿佩胡火山，它的坡度很适合冬季滑雪。

这三座火山象征毛利人社会与外界环境的精神联系，被毛利人视为圣地。1887 年，毛利酋长蒂休休图基诺四世，以这三座火山为中心，把半径大约 1.6 千米的地区献给国家，作为国家公园。如今这里也是著名的滑雪胜地。电影《指环王》中的许多场景是在这里拍摄的。

公园里既有死火山，也有活火山，最近一次火山喷发是在 2012 年。建议你沿着高山步道参观公园，该步道是新西兰最受欢迎的远足路线之一。电影《指环王》中，佛罗多为了寻找指环走过这条步道，他经过红色火山口、色彩斑斓的翡翠湖、蓝湖，最后登顶汤加里罗火山。

>> 游览建议

清晨，从 1 号州际公路望去，火山高耸入云，极为壮观；你也可以在傍晚从 47 号州际公路观赏雄伟的火山。汤加里罗国家公园内的高山步道全长 19.4 千米，步行需要 6 至 7 小时，这还不包括通往汤加里罗火山和瑙鲁赫伊火山的迂回小路。游客到达步道终点后可乘坐公园的班车返回到出发地点。

毛利人——新西兰最早的居民

1250—1350 年

第一批毛利人抵达新西兰

1642 年

第一批欧洲移民与航海家阿贝尔·塔斯曼一起抵达新西兰

1769 年

詹姆斯·库克抵达新西兰

1840 年

毛利酋长向英国交出主权

罗克群岛－南部潟湖（帕劳）

>> 孤独的世界

帕劳由近 600 个小岛组成，其中仅有 9 个岛屿有人居住，这里相对独立，是一片孤独的世界。

罗克群岛－南部潟湖是帕劳唯一的一处世界遗产，由 445 个无人居住的火山岩岛屿构成。岛屿周围由松绿色的潟湖、珊瑚礁环绕，具有极高的美学和科研价值。罗克群岛周围的海底，有一些蘑菇岛，是无与伦比的“潜水天堂”。潜水爱好者在这里可以与海龟以及蝠鲼等 1500 多种鱼类一起潜水。有些岛屿的森林中，遍布大型的蕨类植物，有些岛屿则拥有梦幻的海滩，例如，形状像海星的鲤鱼岛，全年水温 29℃，是太平洋最干净的地区之一，并且从 2020 年起禁止在海边游玩的人使用污染海洋的防晒霜。

帕劳作为一个年轻的国家，制定了严格的宪法来保护环境。这里的儿童耳濡目染，自小便有环保意识。帕劳建立了全球第一个海洋鲨鱼保护区，游客在蓝角甚至可以和鲨鱼们一起游泳。

>> 游览建议

11 月至次年 5 月是帕劳的旅游旺季。5 月至 11 月期间，这里气候比较潮湿。帕劳许多景点门票价格昂贵，潜水费用高，建议提前做好预算。

菜单上的水母

全球约有 **250** 种水母

帕劳群岛水母湖约有 **800 万**只水母

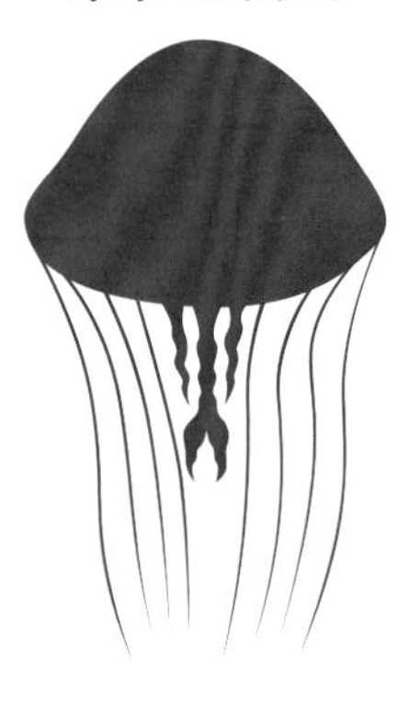

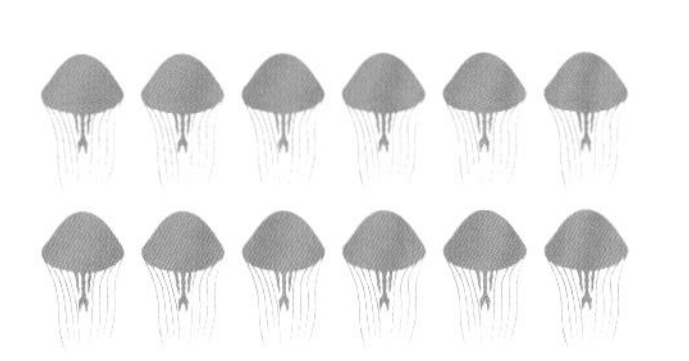

有十几种水母可食用

日本每年消耗 **13** 吨水母

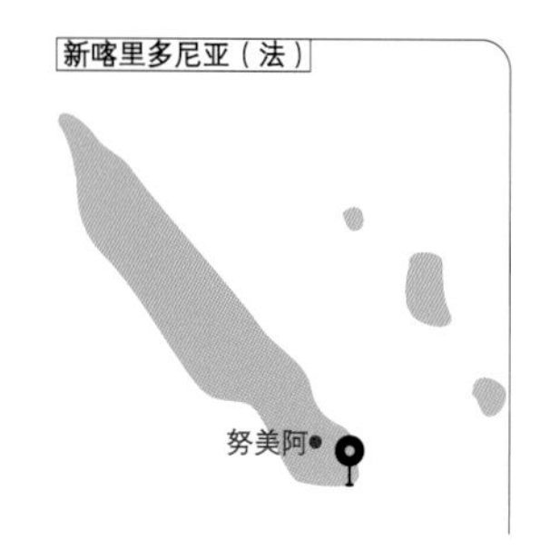

>> 法国的太平洋明珠

新喀里多尼亚潟湖位于太平洋的法属新喀里多尼亚，是世界上最大的潟湖，也是世界最大的三个珊瑚礁生态系统之一，于2008年被列入《世界遗产名录》。

新喀里多尼亚潟湖拥有六个海洋生物群落，生态系统保存完好，展示了珊瑚礁多样性及相关的生态系统。潟湖风景优美，拥有红树林和海草床等连续成片的生物栖息地，湖中有各种珊瑚和鱼类。这里为儒艮、绿海龟、座头鲸等濒危动物提供了适宜的生存环境和繁殖场所。儒艮的数量位居世界第三位。

从努美阿乘船不到一个小时就能到达阿梅代灯塔。这是世界上最高的金属灯塔之一，于1865年建成。爬上灯塔台，环顾四周，新喀里多尼亚潟湖迷人的风光尽收眼底。

>> 游览建议

来新喀里多尼亚潟湖旅游，一定不要错过这里清澈美丽的海水。依据潮流的方向，乘船前往位于松岛的奥罗天然泳池似乎并不是件难事。清晨或黄昏时分，这片水域会比较安静。攀登到卡提派克山的顶部，可以欣赏著名航空摄影师扬恩·亚瑟－贝特朗拍摄到的心形红树林。

请保护儒艮！

儒艮是新喀里多尼亚数量第 3 多的动物，目前这里有 1000 多只儒艮（澳大利亚有 7 万多只）

寿命约 70 年

约 3 米长

每天吞食的海草和海藻重量约 40 千克

体重 250~400 千克

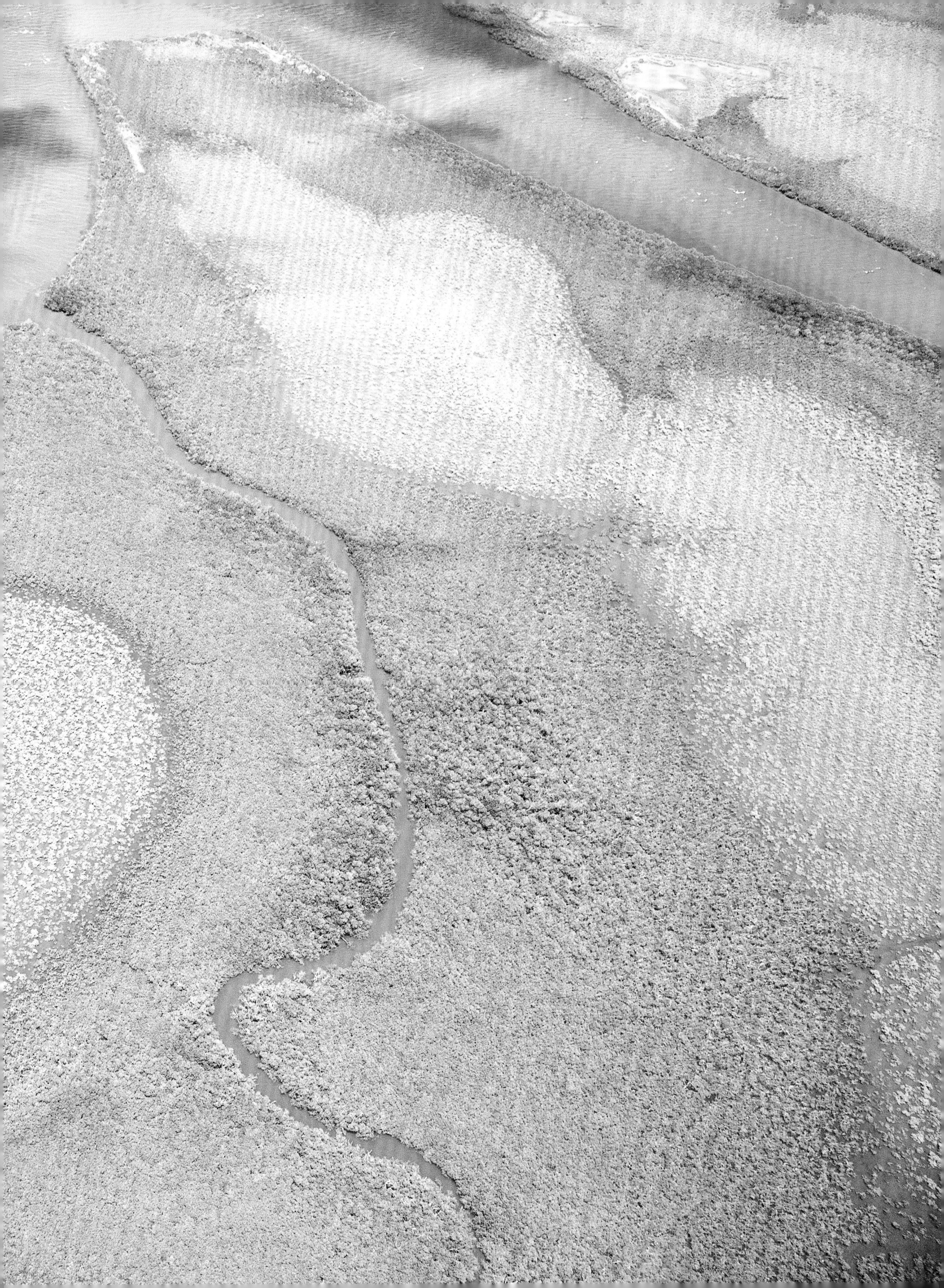

落基山公园（加拿大）

>> 高山风景线

落基山公园位于加拿大西南部，由七个毗连的公园组成，是世界上面积最大的公园群之一。

落基山公园内遍布山峰、冰川、河流、瀑布、峡谷、洞穴。延绵的山脉之间，常年冰川纵横，如阿萨巴斯卡冰川、伊迪丝·卡维尔山的天使冰川。山峰间，碧绿色的湖泊错落有致，点缀其中，比较著名的有露易丝湖、梦莲湖、玛琳湖和明尼旺卡湖。山上岩石风化后的碎屑不断被冰川融水搬运到湖中，在阳光照射下湖水折射出梦幻般的碧蓝色。6月，冰雪融化，山峰凸显，倒映湖中，周围针叶林郁郁葱葱，宛如仙境一般。驯鹿、麋鹿、狼、灰熊经常在这里出没。动物妈妈们在这里抚养幼崽，它们在峡谷洞穴中栖息，以水中的鱼类为食。

位于落基山脉的贾斯珀国家公园和班夫国家公园，风景旖旎迷人。每年很多游客会来这里远足旅行，享受温泉浴。

>> 游览建议

贾斯珀和班夫是到落基山公园进行远足的大本营。乘独木舟或游轮即可到达世界上最上镜的湖泊之一——玛琳湖。玛琳湖中的小岛叫作精灵岛，是加拿大的一个标志性景点。贾斯珀国家公园内还设有缆车，坐在缆车上俯瞰，整个公园的美景一览无遗。五湖谷位于公园出口的冰川之路上，来这里可以欣赏到气势磅礴、高大巍峨的冰川美景。

关于冰川

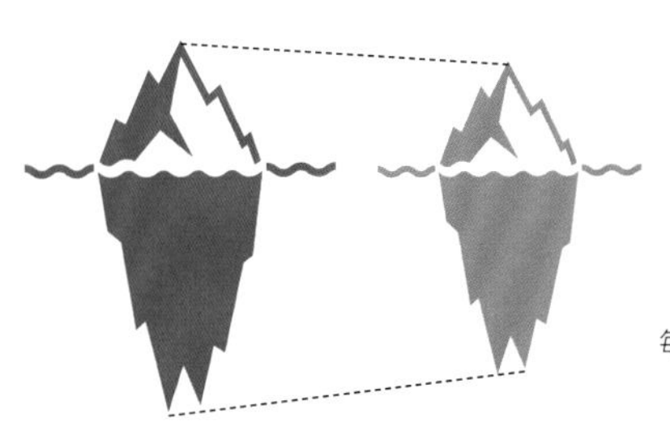

全球 19 个冰川地区的冰川总数为
20万条

全球冰川总面积为
73万平方千米

每年冰川的融化率为
0.2%

每年夏天阿萨巴斯卡冰川的融化长度为
10~25米

兰格尔山－圣伊莱亚斯山国家公园（美国）

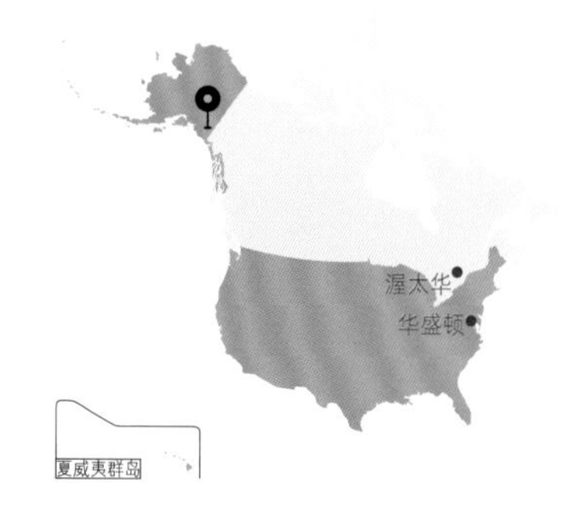

>> 无边无尽的冰雪世界

克卢恩、兰格尔山－圣伊莱亚斯山及冰川湾国家公园、塔琴希尼－阿尔塞克天然公园是一处跨美国和加拿大两国的保护区系统，于1979年被列入《世界遗产名录》。其中兰格尔山－圣伊莱亚斯山和冰川湾两处国家公园位于美国阿拉斯加州。

兰格尔山－圣伊莱亚斯山国家公园内山峰林立，其中包括海拔5989米的圣伊莱亚斯峰、活火山兰格尔山。山脚下的兰格尔小镇拥有200多年的历史，当地土著居民曾与俄罗斯人在这里进行毛皮贸易。从高空俯视，洁白色的山峰错落有致，冰川覆盖了整个公园的四分之一。马拉斯潘冰川宽65千米，厚300米，沿圣伊莱亚斯山南麓绵延80千米，被认为是北美洲最大的山麓冰川。这条巨大的冰川穿梭在群山之间，滋润着山谷中碧蓝的湖泊及蜿蜒的河流。在这里徒步旅行要格外小心，以免陷入融化冰块所覆盖的泥沙潭中。森林和高山寒带草原是狼、北美驯鹿、大角羊、灰熊等哺乳动物赖以生存的家园。空中雄鹰飞翔，水中海豹嬉戏，动物们远离人类世界，自由地生活在这片宽广的大地上。

>> 游览建议

每年6月至8月，阿拉斯加天气温和宜人，是旅游旺季。如果喜欢在冬季旅行，2月至3月也是一个不错的时段，这两个月白昼时间较长。来此游览最好在公园中留宿一晚，你可以在肯尼科特的“老矿山”中入睡。在阿拉斯加湾乘皮划艇，也许会与座头鲸擦肩而过。

阿拉斯加——辽阔的大地

冬季平均气温为 **–30°C**

80% 的火山为活火山

有　　条
冰川

拥有美国 **70%** 的熊

黄石国家公园（美国）

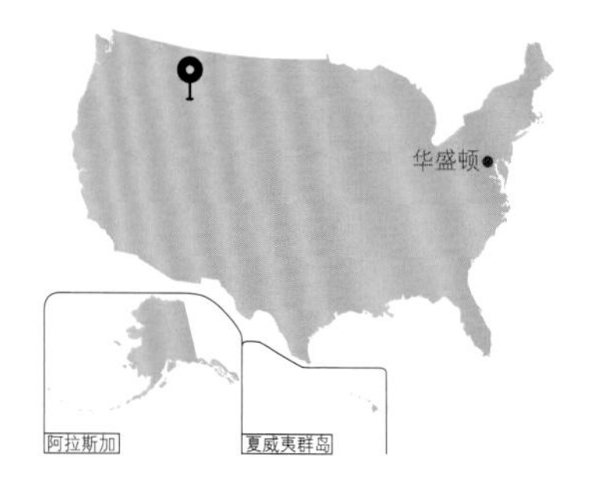

>> 最早的国家公园

黄石国家公园位于美国本土西北部，面积将近9000平方千米。游览整个公园至少需要一个星期的时间。间歇泉是黄石国家公园的特色旅游景点之一。公园里有300多处间歇泉，占世界间歇泉总量的三分之二。大棱镜彩泉（见上图）梦幻十足，是黄石公园另一个热门景点。这片充满硫黄、氧化铁的大温泉色彩斑斓，看上去像孔雀的羽毛。爬上彩泉对面的山丘，可以一览彩泉全貌。

黄石国家公园是世界上第一个国家公园。公园的大峡谷里到处都是陡峭的黄色岩石，因此被命名为“黄石国家公园”。这里也是一片巨大的自然保护区，栖息着灰熊、野牛、狼、美洲狮、麋鹿等众多野生动物。

黄石河贯穿火山岩，在千百年的冲蚀作用下造就了壮丽的黄石大峡谷。峡谷两侧瀑布飞泻而下，形成了美国最大的高山湖泊群。瀑布下方地壳隆起，形成了间歇泉。

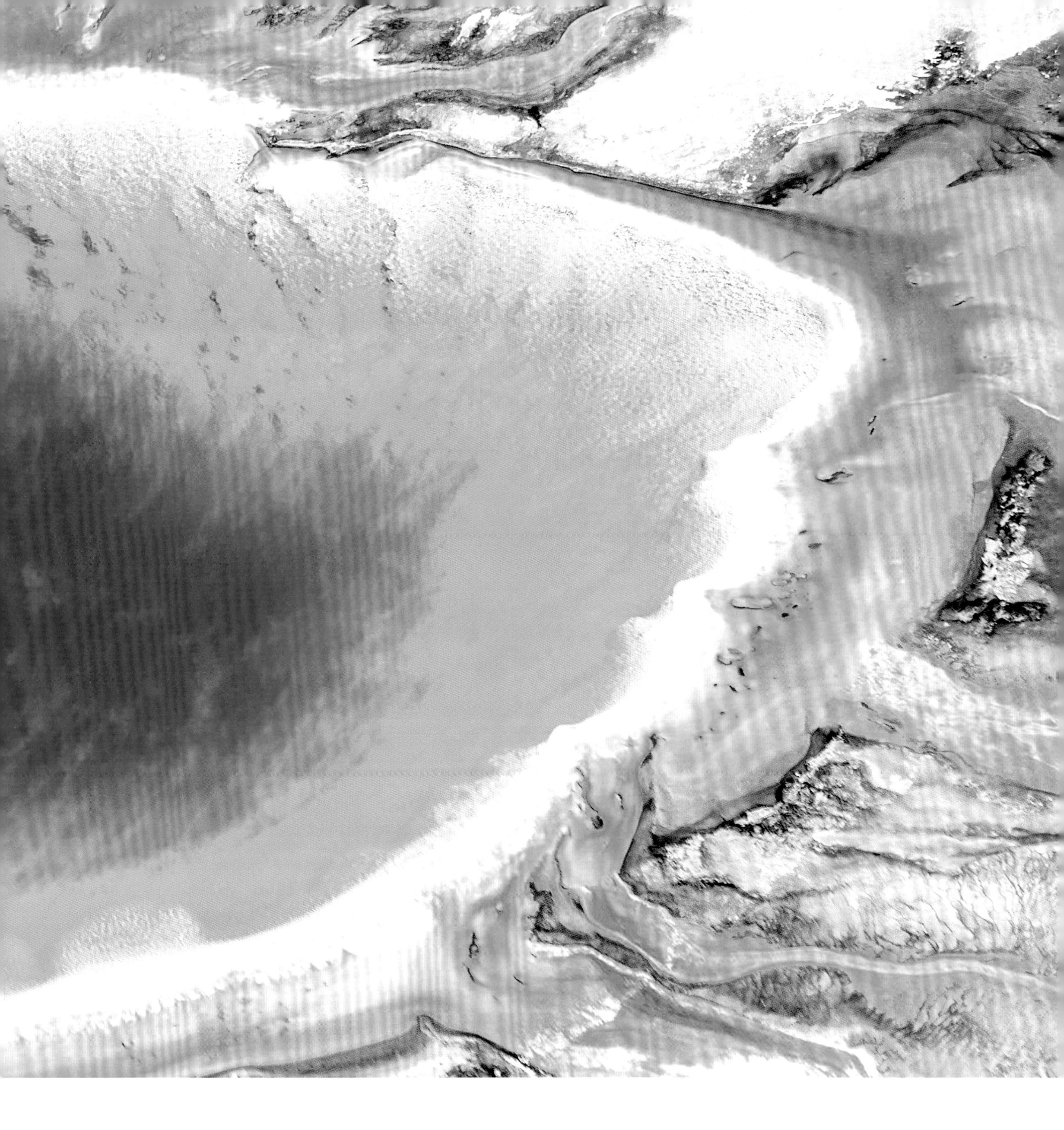

>> 游览建议

建议你春天来黄石国家公园，这时候不但可以避开拥挤的人群，还能看到刚刚从冬眠当中醒来的野生动物。但要注意保暖，因为公园海拔 2000 多米，即使是夏天，温度也不高。日落时分，顶峰在夕阳的辉映下分外幽美；清晨时分，雾气浓浓，景色一片朦胧。

北美野牛数量变化

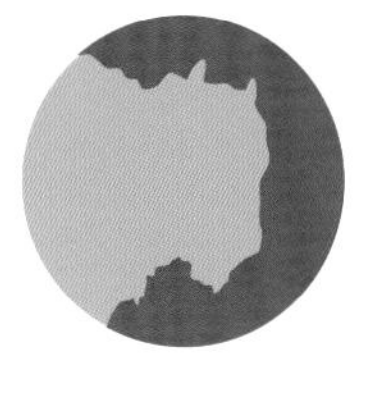

6000万头
1541年

750万头
1985年

20万头
2015年

大峡谷国家公园（美国）

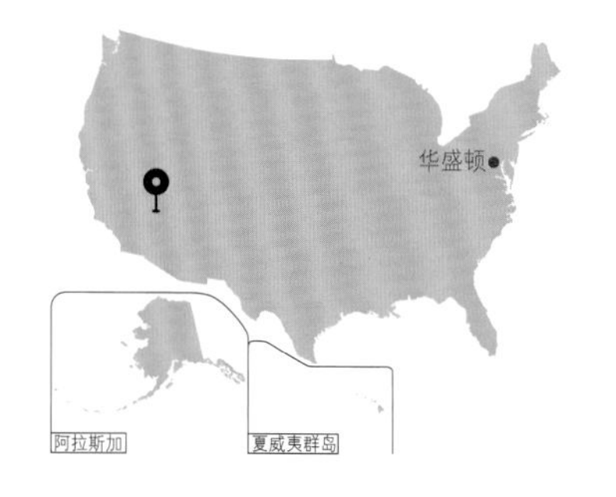

>> 峡谷的世界

大峡谷国家公园位于美国本土西南部亚利桑那州，占地面积 4932.7 平方千米。大峡谷全长 445 千米，深约 1500 米，大体呈东西走向。这里拥有半干旱的高原、巨大的断层带、五彩的悬崖峭壁，景色令人震撼。

大部分游客选择从大峡谷南缘开始参观公园，这里比较容易攀爬，也可以乘坐游览车，直接到达观景点。有些游客会从大峡谷北缘开始参观。虽然北缘的旅游基础设施有限，但自然奇观一点也不逊色。由于北缘海拔较高，在降雪较大的冬季，这里的道路会被封闭，无法通行。

2007 年，大峡谷印第安保护区内的天空步道开始运营。这是一个空中悬挂式的玻璃观景走廊，可以在此俯瞰大峡谷的美景。下到大峡谷底部，还是爬上大峡谷，需要提前做好规划，因为从谷顶到谷底需要 8 至 12 小时。一些胆量比较大的游客会选择在夜间徒步，并在峡谷中露营过夜，也有些游客骑骡子或马来这里旅游——让人感觉像是回到了“西部牛仔时代”。

>> 游览建议

托洛维组高地是大峡谷国家公园最著名的景点之一。这里悬崖峭壁高耸险峻，从高空俯瞰，雄伟壮丽的景色令人震撼。来此游览，需要寻找一位经验丰富的驾驶员，因为要行驶约 3 个小时的沙道。你也可以乘坐飞机或直升机来此游览，尽管费用较高，但能观赏到让人难忘的景色。

壮观的峡谷

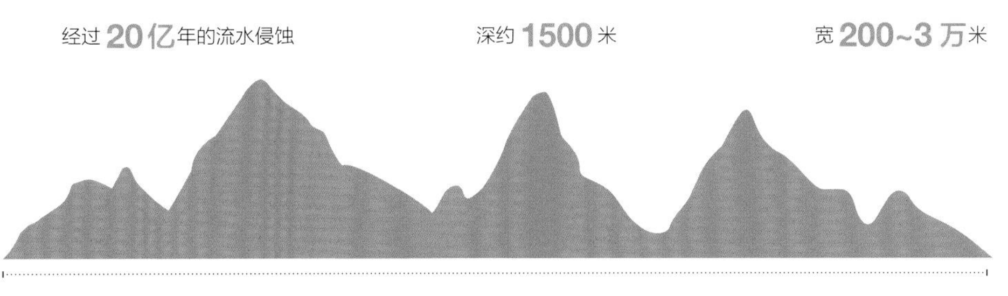

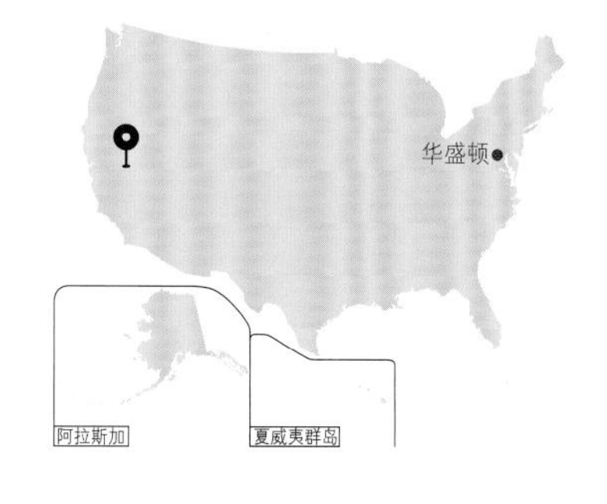

>> 攀岩胜地

约塞米蒂国家公园位于美国本土西部，是旧金山人最喜欢的旅游目的地。这里山谷空旷无垠，巨杉高耸入云，峭壁直冲云霄，瀑布飞泻而下，一片诗情画意的美好景象。

酋长巨石是约塞米蒂国家公园的第一大景点。该巨石为全球最大的花岗岩独石之一，高约1000米。可以沿着小径步行到达巨石顶部，也可以从峭壁攀岩登顶。“黎明之墙”位于巨石的东南侧，因陡峭和凶险著称，是全球最难攀爬的路线之一。1958年，沃伦·哈丁及其团队借助绳索和冰镐，耗时47天首次登上“黎明之墙”的顶峰。现在，即使是一个经验丰富的团队也需要两天的时间才能登顶。半圆顶是一座巨大的半球形花岗岩山。它是约塞米蒂国家公园另一处标志性景点，也是世界上最具挑战性的攀岩地之一，吸引了大量来自世界各地的专业攀岩者。

无论是晨光熹微的黎明，还是光影斑驳的黄昏；无论是白雪皑皑的深冬，还是金风玉露的初秋，约塞米蒂国家公园都值得一游。

>> 游览建议

泰奥加公路自西向东贯穿约塞米蒂国家公园，提前了解这条路的交通情况，可以在旅行过程中节省很多时间。11月至次年5月公园通常不对外开放。如果你没有时间参观红杉国家公园，约塞米蒂国家公园的马里波萨谷巨杉林是一个不错的选择，那里的500多棵参天巨型红杉令人震撼。

酋长巨石——攀登者的天堂

巨石高约1000米

有12条攀登路线

登顶需要2天时间

旺季时平均每天有80名攀登者

大沼泽地国家公园（美国）

>> 绿地之河

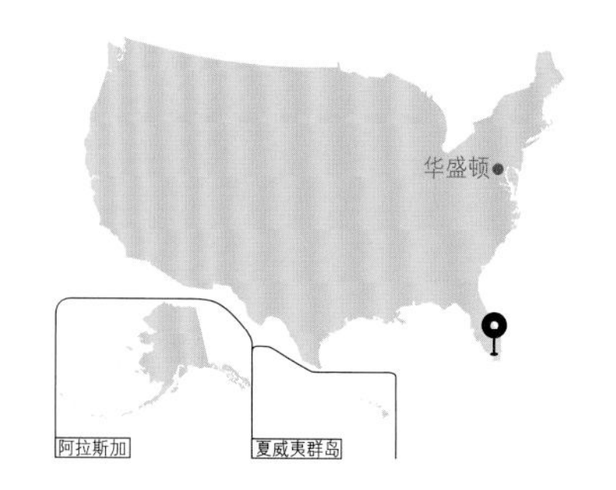

大沼泽地国家公园位于美国本土东南部，面积约 80 万公顷，是北美洲最大的亚热带荒原保护区。这里拥有成千上万的哺乳动物、爬行动物、鸟类、昆虫、鱼类，它们形成天然的食物链。

每到旱季，人类便会踏足这片世界，利用这片“绿地之河”灌溉周围的耕田，此时游客也络绎不绝。多年来，为保护大沼泽地原始生态环境，当地政府采取了一系列措施，包括控制农用地开发和建设排水工程等。

水是大沼泽地国家公园最为重要的元素。这里也汇集了红树林、沼泽、热带森林、松树林等十几种不同的生态系统。大沼泽地国家公园是北美重要的水鸟繁殖地和主要迁徙通道，为 400 多种鸟类提供了重要的觅食和繁殖栖息地。

>> 游览建议

在大沼泽地国家公园，无论是徒步漫行，还是乘风扇艇荡漾，都需要选择一个阳光明媚的日子。冬季，水位下降，气温适宜（约 20℃），适合来此观赏野生动物。夏季，气候湿热，气温高达 30℃，来此旅游，恐怕会成为蚊子的“美食”。

濒危物种——海牛

海牛生活所需要的最低水温为 **20°C**

海牛平均每天吃 **50** 千克草

海牛肠的长度为 **45** 米

夏威夷火山国家公园（美国）

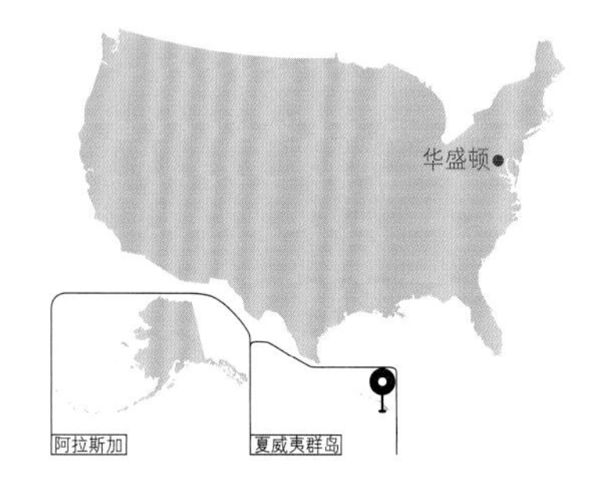

>> 被熔岩塑造的景观

夏威夷火山国家公园拥有两座活跃的活火山，分别是冒纳罗亚火山和基拉韦厄火山。火山频繁爆发，大量熔岩不断地倾泻出来，山体日益增大，形成了夏威夷群岛最大的岛屿——夏威夷岛。

火山喷发会释放大量的二氧化硫，容易形成酸雨，加之火山口周围土壤的温度很高，导致火山周围的某些地区出现沙漠化。但是有些动植物已经适应了这种环境。在这里可以找到海龟、食肉毛毛虫、蜻蜓、蝙蝠和一些特有植物。原始森林里有一些小径通往瑟斯顿熔岩隧道，这条隧道横截面近圆形，形成于数百年前的一次火山喷发。在获得公园管理人员的许可后，可以进入瑟斯顿熔岩隧道，然后从另一个火山口出来。

>> 游览建议

美国的国家公园有一个共同特点：面积辽阔。夏威夷火山国家公园也不例外，这里地广人稀，如果条件允许，最好驾车游览。驾车在环绕火山口的环形路或者纳帕利海岸上奔驰，车窗外的风景让人心旷神怡。在公园管理员许可的情况下，还可以在小径上野营。夜幕降临时，可以从基拉韦厄观景台看到哈雷茂茂熔岩湖绝美夜景。

熔岩及其流速

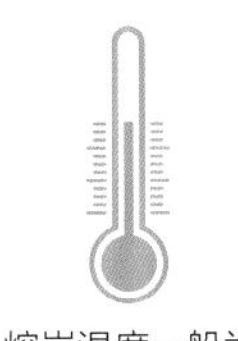

熔岩温度一般为
700~1200°C
（夏威夷岛熔岩温度为1100~1200℃）

580 米是夏威夷岛熔岩喷泉高度的最高纪录
（诞生于 1959 年）

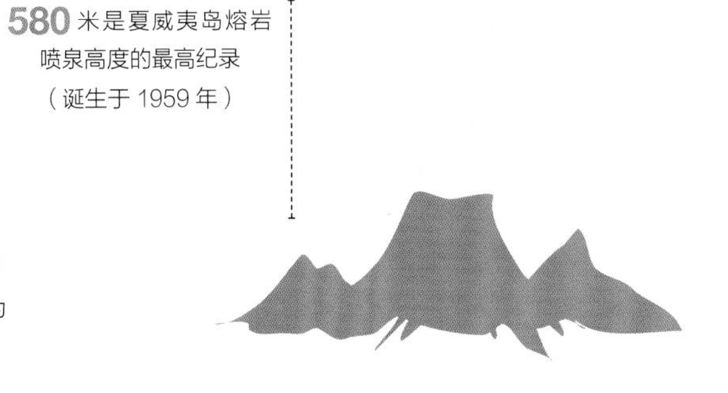

玄武岩熔岩的流速
为 20 千米 / 小时

夏威夷岛熔岩的流速
为 100 千米 / 小时

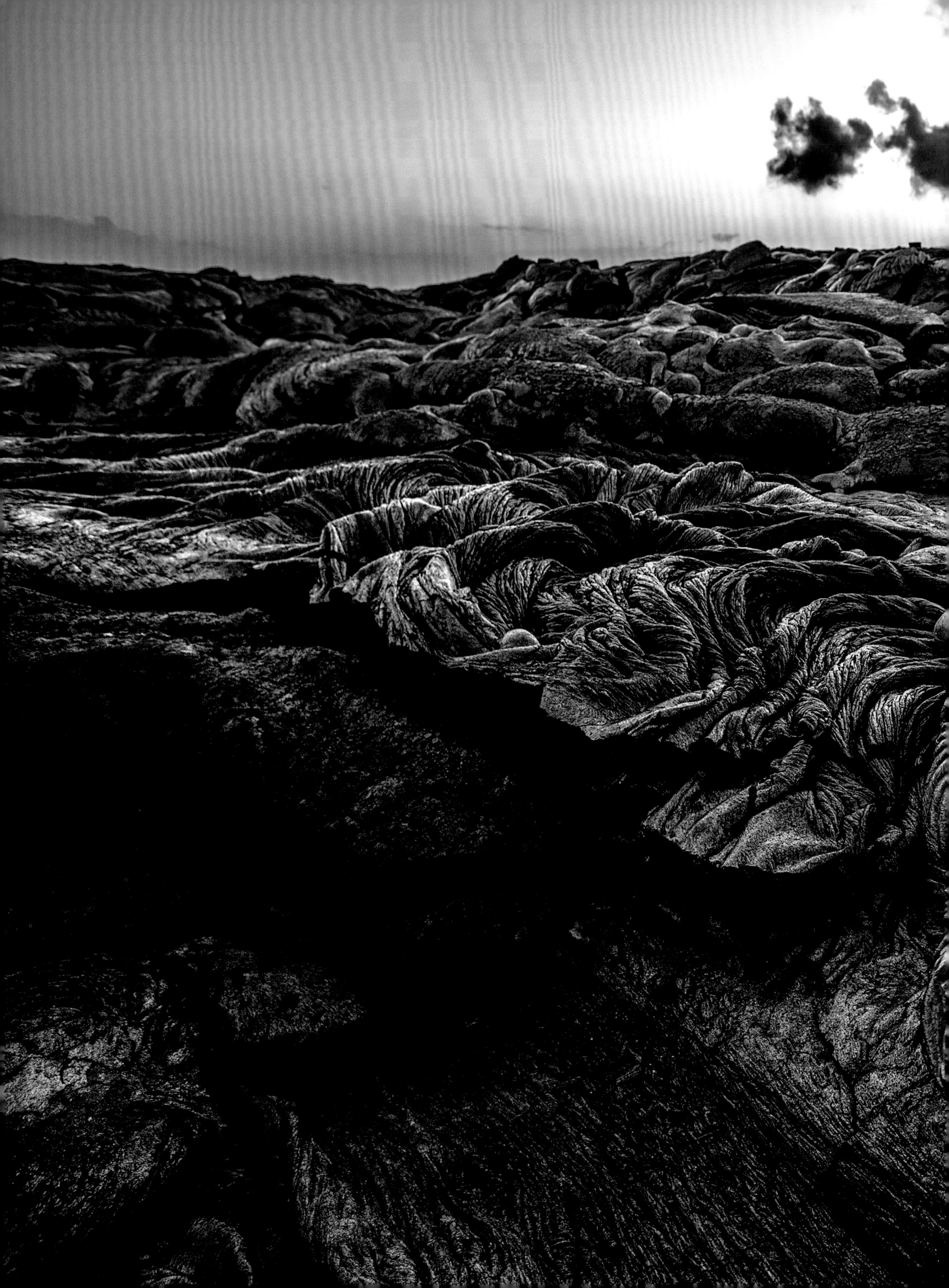

锡安卡恩（生物圈保护区）（墨西哥）

>> 天之源

锡安卡恩位于墨西哥尤卡坦半岛东海岸。加勒比海与蔚蓝的天空交织在一起，曾居住在这里的玛雅人称这一地区为“天之源”。锡安卡恩遍布着茂密的热带森林、红树林和沼泽地，为众多动植物提供了栖息之所。丛林中生活着美洲豹、美洲狮、虎猫、中美貘等野生动物。由于流水不断侵蚀，造成土地塌陷，形成许多石灰岩水坑（见第 166—167 页）。靠近道路的水坑，路边会有标牌提示，但有些水坑极为隐秘，藏在广袤的草原中。

从图卢姆出发，经由穆伊勒玛雅遗址，到达锡安卡恩，需要 1 天的时间。有一条古老的玛雅小径通向保护区的入口，可以从此出发深入丛林中。最好不要接触丛林中的树木，因为有些树木会渗出毒液。站在保护区的观景台上一眼望去，森林与珊瑚礁交相辉映，自然美景尽收眼底。乘船或者摩托艇，在潟湖碧绿的湖水上静静荡漾，说不定还能遇见海豚和海牛。

>> 游览建议

锡安卡恩全年平均气温约为26℃。7月至8月最好不要来此旅行，因为这时段天气炎热，气温最高可达40℃。自驾游在行程安排上比跟团游更加灵活，你在欣赏野生动物的同时，还可以享受更为宁静的自然风光。建议你在蓬塔艾伦留宿一晚，次日清晨再出发，然后独自在红树林中畅游一番。

美洲豹

全球约有 6.4万 只美洲豹

墨西哥有约 4800 只美洲豹
（过去 8 年美洲豹数量增长了 20%）

90% 的美洲豹生活
在亚马孙雨林中

美洲豹主要分布于 18 个
拉丁美洲的国家

堡礁保护区的大蓝洞（伯利兹）

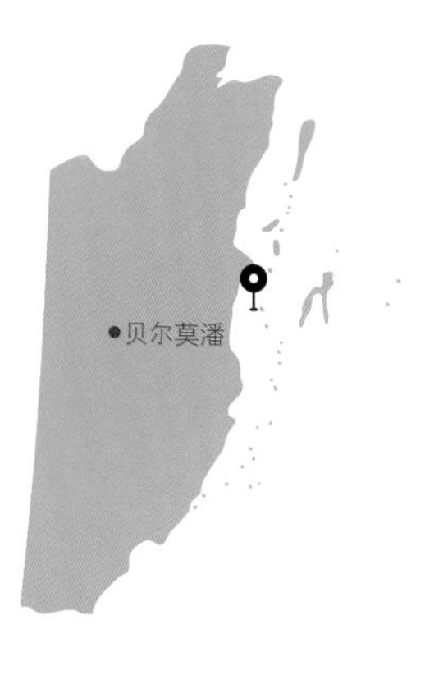

>> 深蓝色的世界

堡礁保护区位于伯利兹东海岸附近，是世界上第二大活珊瑚礁，面积仅次于澳大利亚的大堡礁。这里光线充足，生物多样，是海龟、海牛、美洲湾鳄等濒危动物的栖息地。

大蓝洞是堡礁保护区最著名的景点之一。大蓝洞呈深蓝色，与周围水色截然不同，洞口近圆形，直径约 300 米，洞深约 124 米。大蓝洞最初是一个石灰岩溶洞，后来溶洞坍塌，地下通道连成一片，变成今天的样子。大蓝洞曾被认为是神秘之地，20 世纪 70 年代，世界著名水肺潜水专家库斯托潜入其中进行探索，而后大蓝洞逐渐成为世界闻名的潜水胜地。

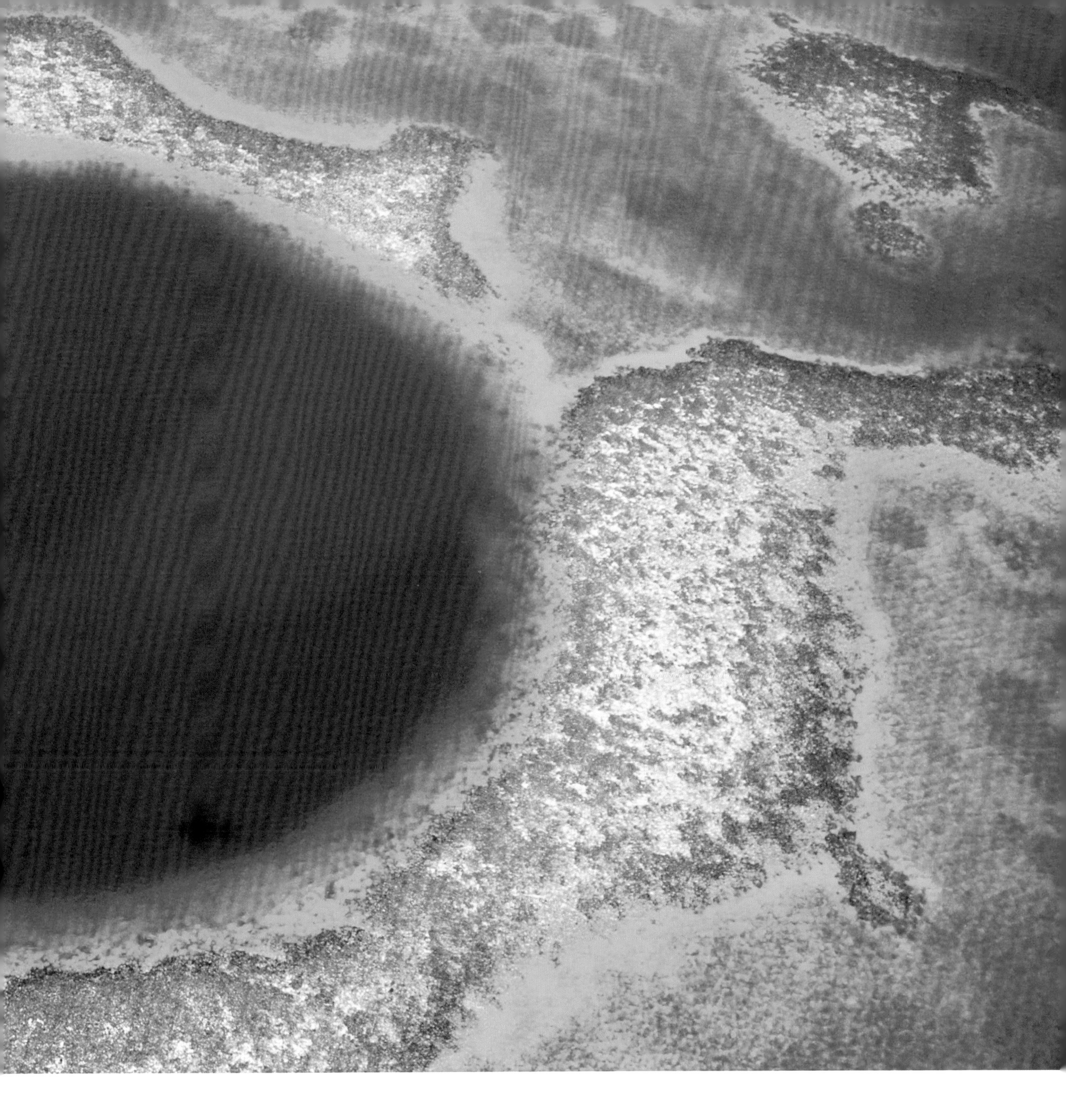

>> 游览建议

如果选择乘船，需要两到三小时才能到达大蓝洞。建议在 1 月至 5 月来此旅游，此时这里降水较少。特内夫群岛是闻名遐迩的潜水胜地，这里水色碧绿清透，珊瑚色彩斑斓。

天坑

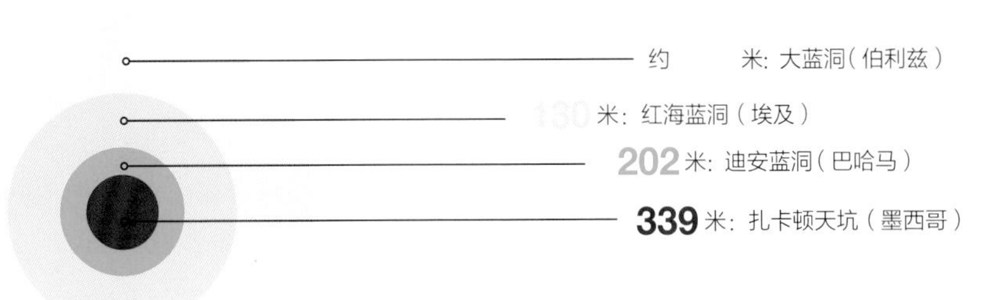

科科斯岛国家公园（哥斯达黎加）

>> 海盗的基地

科科斯岛位于哥斯达黎加太平洋沿岸西南 500 千米的海面上，直到 19 世纪初，科科斯岛一直是海盗掠夺船只的海上基地。据说海盗有一些装满金子的箱子至今仍被埋在热带雨林之中。罗伯特·路易斯·史蒂文森以此为灵感，创作了小说《金银岛》。迈克尔·克莱顿的《侏罗纪公园》也叙述了相似的故事。

对于潜水爱好者而言，科科斯岛真正的财富在水下。水下洞穴是世界上观察鲨鱼、巨型蝠鲼、箭鱼等大型濒危物种的最佳场所之一。科科斯岛位于洋流汇集处，是水下生物觅食、繁殖的理想场所。海洋物种的幼崽以此地为“大本营”向太平洋其他区域扩散。世界著名的水肺潜水专家库斯托在科科斯岛拍摄了几部纪录片，认为这个岛屿是世界上最美丽的岛屿之一。

从哥斯达黎加的蓬塔雷纳斯出发，在海上航行约 30 个小时之后，游客便可以到达科科斯岛，开启探险之旅。需要注意的是，这里道路坎坷，即使天气晴朗，雾霾消散，在雨林中远足也极为不易。

>> 游览建议

科科斯岛没有真正的旱季，虽然 1 月至 3 月降水量最少，但岛上仍然非常潮湿。该岛无人居住，岛上也不提供住宿，游客只能在自己的船上过夜。 从威弗湾可以看到一道瀑布，这是岛上最美丽的瀑布之一。

可再生能源占总能耗比例

15%
法国

35%
德国

99%
哥斯达黎加

皮通山保护区（圣卢西亚）

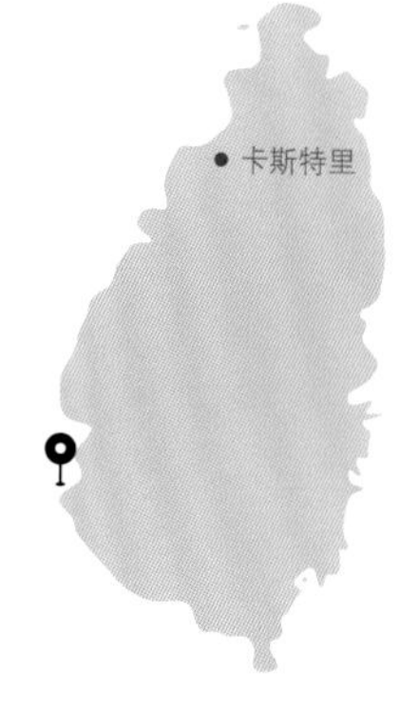

>> “超人飞行区”所在地

皮通山保护区位于圣卢西亚西南海岸附近，保护区内有两座火山，分别是海拔 743 米的小皮通山和海拔 770 米的大皮通山。它们作为圣卢西亚的标志，出现在圣卢西亚的国旗上。两座火山从海面上陡然升起，为前往圣卢西亚的航船提供了独特的地标。火山喷发产生的喷气孔和温泉，成为众多动物的栖息地。这里的温泉有助于缓解高血压，能辅助治疗风湿病和皮肤疾病。保护区内的植物种类丰富。大皮通山至少有 148 种植物，小皮通山和连接两座山的山脊至少有 97 种植物，其中 8 种为珍稀树种。

沿着山下的丛林小路上行，可以徒步到达小皮通山山顶。从山顶俯瞰，周围香蕉、可可、甘蔗等农作物种植园一览无遗。然而登大皮通山有一定难度，从半山腰到山顶要攀岩前行。山脚下的“超人飞行区”是绝佳的潜水地点。“超人飞行区”的上方是电影《超人 II》的取景点，“超人飞行区”也因此而得名。

>> 游览建议

每年的 1 月至 5 月是圣卢西亚的旅游旺季。如果你擅长攀岩，建议去攀登大皮通山，需要大约 3 个小时；如果你更喜欢徒步远行，可以去攀登小皮通山，仅需约 45 分钟就可以登顶。皮通沙滩被认为是圣卢西亚最美丽的海滩之一。安塞哈斯坦特沙滩的潜水点被认为是圣卢西亚最好的潜水点之一。

香蕉食用量对比

2 千克
中国平均每人每年香蕉食用量

7.5 千克
法国平均每人每年香蕉食用量

250 千克
东非平均每人每年香蕉食用量

桑盖国家公园的通古拉瓦火山（厄瓜多尔）

>> 在火山脚下体验极限运动

通古拉瓦火山位于安第斯山脉中段，海拔 5023 米，是桑盖国家公园中三座著名的火山之一。1999 年后火山活动再次进入活跃期。火山会经常性地喷出烟灰云雾，并喷射出一些白炽熔岩，火山泥流和熔岩延伸长达 12 千米。火山喷发时，像一道闪电划过天空，景象十分壮观。

温泉小镇巴尼奥斯是通古拉瓦火山脚下著名的旅游小镇。小镇的游客们乐于欣赏火山喷发的夜间景观，还会到周围的山谷中去寻找小瀑布。有些瀑布可以通过悬索桥或步道到达，有些可以乘坐缆车到达。巴尼奥斯小镇在短短几年内已成为极限运动的胜地，在这里低空跳伞、高空跳伞、蹦极跳、溪降等运动的刺激似乎已经使人们忘记了通古拉瓦火山的威胁。

>> 游览建议

你可以骑山地自行车按照适合自己的速度沿着“瀑布之路”下行（20千米山路大部分路段都是下坡），然后再乘坐景点里的班车返回。如果天气晴朗，一定要乘坐公交车去卡萨戴乐树屋荡荡秋千，重温一下童年的快乐时光。

“瀑布之路”和巴尼奥斯的温泉

20千米长的“瀑布之路”经过
60 道瀑布

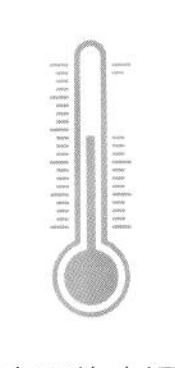

瀑布平均水温为
18°C

巴尼奥斯有从活火山流下来的天然温泉，
温泉的温度为 **42°C**

加拉帕戈斯群岛（厄瓜多尔）

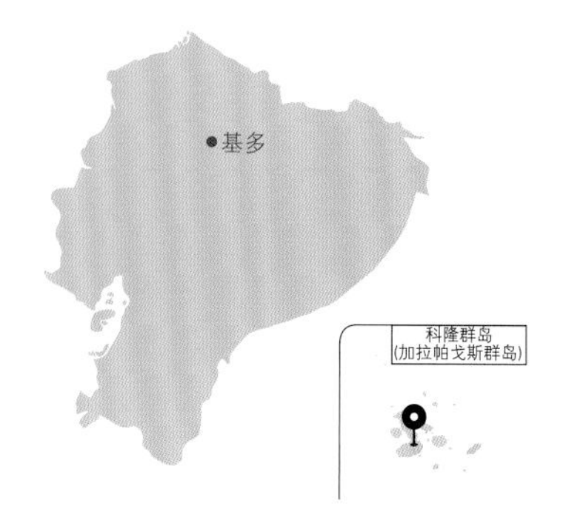

>> “进化论”的诞生地

科隆群岛也称加拉帕戈斯群岛，位于太平洋中，距离厄瓜多尔海岸1000多千米。达尔文进化论的主要证据来自于他在加拉帕戈斯群岛上收集的大量化石和标本，加拉帕戈斯群岛因此被称为进化论的“诞生地”。由于群岛偏远，其中的伊莎贝拉岛曾作为囚犯的流放地，1959年予以废除。加拉帕戈斯群岛的每座岛屿都是一座火山，其中最古老的一座已有近1000万年的历史。群岛位于地壳活跃地区，这里每年都会有火山喷发。加拉帕戈斯群岛生活着80多种鸟类、700多种地面动物，其中以巨龟和大蜥蜴闻名世界。虽然地处赤道，受秘鲁寒流影响，却能见到海狮、海豹、企鹅等寒带动物。对于科学家来说，加拉帕戈斯群岛是一个宝贵的自然实验室。

>> 游览建议

游轮虽然票价不菲，但是可以带你探索加拉帕戈斯群岛。加拉帕戈斯群岛因其特有的动植物而闻名，值得到此一游。如果只能选择游览一个小岛，那就是伊莎贝拉岛了。伊莎贝拉岛拥有纯天然的生态环境，在这里你可以欣赏到野生动植物、火山、海滩和潟湖等景物。

“与世隔绝”的岛、群岛

复活节岛：距智利大陆 3500 千米

凯尔盖朗群岛：距留尼汪岛 3400 千米

特里斯坦 · 达库尼亚群岛：距南非 2800 千米

皮特凯恩群岛：距复活节岛 2000 千米

甘比尔群岛：距塔希提岛 1700 千米

麦夸里岛：距塔斯马尼亚岛 1500 千米

卡奈马国家公园的安赫尔瀑布（委内瑞拉）

>> 世界上落差最大的瀑布

卡奈马国家公园位于委内瑞拉东南部，靠近圭亚那和巴西边界，是世界上第六大国家公园。

建议至少安排两到三天的时间游览卡奈马国家公园，在原始森林中徒步，在瀑布脚下野营，极限冒险的爱好者还可以到海拔 973 米的山顶上进行高山滑翔。公园内有些河流富含矿物质，呈红色。红色的河流与茂密的绿色植被形成鲜明对比。

安赫尔瀑布是卡奈马国家公园的一大瑰宝。瀑布分为两级，总落差为 979 米，是世界上落差最大的瀑布。游客可以选择乘飞机，在峡谷中盘旋穿行，透过云雾，观赏这巨大的瀑布。如果想靠近瀑布脚下，需要沿着盘山的河流乘坐几个小时的电动独木舟到达拉顿岛。在拉顿岛能欣赏到瀑布壮丽的全景。

>> 游览建议

从营地到安赫尔瀑布，步行需要两个小时。如果想在日出时分欣赏安赫尔瀑布，夜晚你就得从营地出发。最好选择在雨季来此，尤其是在5月至6月和11月，因为雨季瀑布水量更丰沛，瀑布更壮观。卡奈马国家公园全年开放。

关于安赫尔瀑布的一些数据

瀑布下落速度为
200 千米 / 小时

瀑布的水从顶部下落到
底部需要 10 秒

瀑布第一级落差为 807 米
瀑布第二级落差为 172 米

卡奈马国家公园的罗赖马山（委内瑞拉）

>> 神秘的古老山脉

罗赖马山位于卡奈马国家公园东南部，拥有世界上最古老的地质构造之一。这里充满着奇幻色彩，经常出现在神话故事中。

建议你来这里徒步旅行，但必须有导游指导。罗赖马山海拔 2810 米，站在山顶仿佛置身于世外桃源。

从山脚步行大概 48 个小时才能到达登山坡道。海拔越高，温度越低。到达山顶之后，建议尽快找到自己的酒店，在山顶的天然浴池中好好洗一个澡，然后安顿休息。山顶的酒店一般是由岩石洞穴改建的，可以体验在洞穴中入睡的感觉。太阳升起后最好马上起床，去欣赏第一缕晨光，以及被第一缕晨光染成粉红色的岩石和沙子、山上特有的植物，还有亮闪闪的石英晶体。公园禁止游客带走这里的石英晶体。下山的路很湿滑，有时会比较危险。尽管徒步旅行十分疲惫，但这里一定会给你留下难以忘怀的美好回忆。

>> 游览建议

如果你想在罗赖马山的山顶度过1天，要安排为期5天的旅程。如果你想深度探索这座山的奥妙，要安排为期至少8天的旅程。来此旅游一定要提前预订，尤其是在7月至8月的旅游旺季。也可以选择在12月至次年3月的旱季前来，这时节降水少，道路不湿滑。

20亿岁的高山——罗赖马山

顶部高原长度
约14千米

顶部高原宽度
5千米

罗赖马山海拔
2810米

人类首次登顶是在
1884年

潘塔纳尔保护区（巴西）

>> 生物的天堂

潘塔纳尔湿地位于巴西西南部的马托格罗索州（字面意为“浓密的丛林”）和南马托格罗索州，部分延伸至玻利维亚和巴拉圭境内，是世界上最大的湿地生态系统。潘塔纳尔保护区占潘塔纳尔湿地面积的1.3%。虽然所占面积不大，但潘塔纳尔保护区极具代表性。这里植被茂密，物种繁多，每片土地都有生物栖息。这里保护了很多濒危动物，发现的水生植物物种也非常丰富。保护区近20万公顷的土地中，有80%几乎全年处于雨水淹没状态。当旱季到来，水位下降时，这里的热带气候可能会促进一些超大型植物的生长，如巨型睡莲，其直径可达3米，叶子呈圆形，夏天开出的白花短暂却艳丽。

但是，这片保护区也是脆弱的。由于农业和畜牧业的发展，保护区内的植被近年来遭到严重破坏，给生态环境带来一定影响。巴西政府已意识到问题的严重性，如今已制定相关的计划保护这里的环境。

>> 游览建议

每年的旱季，即 5 月至 9 月，是潘塔纳尔保护区的旅游旺季。这个时段来此旅游，你很有可能见到潘塔纳尔保护区之王：美洲虎和美洲狮。如果你想要寻找鳄鱼，建议在夜间乘船游览。如果你在这里度过 3 至 4 天，可能会有意想不到的收获，说不定还会钓到食人鱼呢。

让我们在森林里漫步！

2020 年全球森林面积为
40.6 亿公顷

1 公顷树木每年吸收 **6** 吨二氧化碳

俄罗斯、巴西、加拿大、美国和中国 **5** 个国家森林面积合计占全球森林总面积的 50% 以上

中亚马孙保护区（巴西）

>> “绿肺”中的保护区

亚马孙热带雨林是地球的“绿肺”，是世界上最潮湿的地区之一，它横跨九个国家，森林茂密。世界上支流最多的河流亚马孙河从中穿过，形成许多大大小小的沙洲。亚马孙河中有很多鲜为人知的动物如食人鱼、粉红海豚、凯门鳄等。它们大多天黑后才出来活动。

中亚马孙保护区位于巴西境内，是亚马孙流域最大的保护区，也是地球上生物多样性最丰富的地区之一。建议徒步或乘独木舟潜入中亚马孙保护区的红树林。夜晚，在树间搭一个吊床，扯上蚊帐，露天而睡，第二天清晨，与森林一起苏醒，会是一次很不错的体验。还可以选择住树屋酒店，黄昏时分，森林一片寂静，远离城市的灯光与喧嚣，在树屋中欣赏万千星星闪耀的星空。保护区内有 40 至 50 米高的观景塔，站在观景塔上可以欣赏到热带雨林大树冠的壮丽景色。

>> 游览建议

每年 7 月至 11 月的旱季是中亚马孙保护区的旅游旺季，这个季节可以看到更多的动物。建议你在保护区内的生态小屋中住上一晚，让自己沉浸在宁静的森林之中。清晨，万物醒来，可以乘独木舟沿着水流荡漾。

濒危的森林

自 1970 年以来，全球约 18% 的原始森林消失了

2010—2020 年全球森林平均每年减少 4.7 万平方千米，相当于大约每 5 秒就有一个足球场大小的森林消失了

伊瓜苏瀑布（阿根廷）

>> 壮观的瀑布群

伊瓜苏瀑布位于阿根廷和巴西的交界处。巴西境内有众多的旅游设施，可以一览无余地欣赏壮丽的瀑布全景。但是如果要去瀑布的中心地带，那就要进入阿根廷的境内了。

河流水位在陡峭悬崖处突然下降，形成了伊瓜苏瀑布。瀑布宽约 3 千米，由 275 道小瀑布组成，这些瀑布的平均高度约为 80 米。瀑布最壮观的部分是“魔鬼之喉”，它位于瀑布上方水流最猛之处。“魔鬼之喉”在阿根廷境内。在这里欣赏美景，估计全身都会湿透。在景区游览时，还要提防南美浣熊，它们经常出现在景点中，像扒手一样翻出游客包中的东西，然后扔到高处。在雨季，每秒有高达 1.3 万立方米的水伴随着轰隆声从高处落下，云层中弥漫着水蒸气，有时能看到彩虹，让人有一种如梦如幻的感觉。

>> 游览建议

如果可以的话，建议花两天时间从巴西出发来欣赏伊瓜苏瀑布。由于靠近瀑布的酒店承载能力有限，来之前一定要预订好酒店。预约车辆和预约门票一样，都需要排很长时间的队。乘坐出租车比乘坐公共汽车更加舒适。进入瀑布景区后，不知不觉就有可能跨越阿根廷与巴西的边境线。

巨大的水墙——伊瓜苏瀑布

冰川国家公园（阿根廷）

>> 阵阵的冰裂声

冰川国家公园位于阿根廷南部，公园内有47条发源于巴塔哥尼亚冰原的冰川。其中比较著名的是屹立在阿根廷湖湖面上的莫雷诺冰川。莫雷诺冰川高出水面60米，长约30千米，冰川舌宽约5千米，覆盖面积超过250平方千米，大小相当于两个半巴黎。它以缓慢的速度在阿根廷湖湖面上向前延伸。有些地方，冰层很厚很紧密，甚至会出现蓝宝石色的反射光线。每隔一段时间，数千米远的地方就能传来刺耳的冰裂声。冰体破裂后，冰块落入阿根廷湖水域中，随水漂流。

近年来全球变暖，但莫雷诺冰川并没有受到太大的影响，是全球少数还在增长的冰川之一，因为这里新的降雪沉积会不断弥补冰川的融化。

除了莫雷诺冰川外，在冰川国家公园的北部，还有海拔约3405米的菲茨罗伊山。这里适合远足，且极具神秘感。

>> 游览建议

10 月是参观冰川国家公园的最佳月份，这段时间天气往往是凉爽多变的。从埃尔卡拉法特乘车可以很轻松地到达莫雷诺冰川。这里有很多金属制的人行天桥，可以从各个角度欣赏冰川。相比较而言，菲茨罗伊山更适合身体素质良好的游客携带适当的装备攀登，因为这里的设施没有那么完善。

40 号公路

长约 5000 千米
呈南北走向

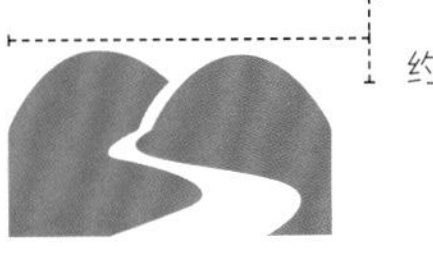

最高点
约 4895 米

经过
20 个国家公园

跨过
18 条
主要河流

连接
安第斯山脉中的
27 座山峰

40 号公路将阿根廷北部与巴塔哥尼亚地区连接起来

瓦尔德斯半岛（阿根廷）

>> 海狮与鲸鱼的天堂

瓦尔德斯半岛位于阿根廷东部。安托万·德·圣埃克苏佩里多次驾驶飞机经过这里。据说他在这里受到启发，画出了《小王子》中吞下大象的蟒蛇。

瓦尔德斯半岛是全球海洋哺乳动物重点保护区。百米高的悬崖下，海洋哺乳动物在海滩上繁殖。但是对于海狮、海象来说，海洋的虎鲸十分危险。在瓦尔德斯半岛，虎鲸具有独一无二的狩猎技术，它们在浅滩悄悄潜伏，捕获周围毫无戒备心的猎物。

在皮拉米德斯港或马德林港登船，你还可以到波涛汹涌的海洋中去寻觅露脊鲸。露脊鲸的头部布满了老茧以及寄生的甲壳类动物，因此很容易辨别。露脊鲸喜欢待在瓦尔德斯半岛海湾内的平静水域中，来自巴西和马尔维纳斯群岛（英国称福克兰群岛）的洋流，给它们带来丰富的食物。它们在这里繁殖后代，抚育幼鲸。露脊鲸容易找到，也容易接近。正是这种原因使露脊鲸成为商业性捕鱼业的第一批受害者。

>> 游览建议

瓦尔德斯半岛野生动物众多，但你很难在同一时段看到这里所有的动物。露脊鲸一般在 8 月至 10 月出现，虎鲸一般春季在蓬塔坎托出现。海狮、海象一般 12 月至次年 2 月初在蓬塔德尔加达附近出现。如果想要欣赏不一样的风景，可以去蓬塔宁法斯灯塔，观察独处的鲸鱼，欣赏美丽的日落，感受壮丽的海景。

露脊鲸

18 米长的露脊鲸的体重为 80 吨

幼鲸每天喝 125 升鲸鱼奶

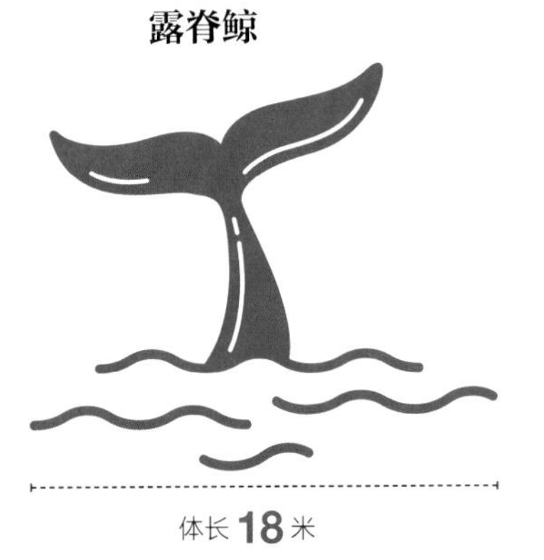

体长 18 米

公露脊鲸的生殖器官长 2 米

睾丸重达 1 吨